사고력도 탄탄! 창의력도 탄탄!

수학 일등의 지름길 「기탄사고력수학」

단계별·능력별 프로그램식 학습지입니다

유아부터 초등학교 6학년까지 각 단계별로 4~6권씩 총 52권으로 구성되었으며, 처음 시작할 때 나이와 학년에 관계없이 능력별 수준에 맞추어 학습하는 프로그램식 학습지입니다.

사고력·창의력을 키워 주는 수학 학습지입니다

다양한 사고 단계를 거쳐 문제 해결력을 높여 주며, 개념과 원리를 이해하도록 하여 수학적 사고력을 키워 줍니다. 또 수학적 사고를 바탕으로 스스로 생각하고 깨닫는 창의력을 키워 줍니다.

유아 과정은 물론 초등학교 수학의 전 영역을 골고루 학습합니다

운필력, 공간 지각력, 수 개념 등 유아 과정부터 시작하여, 초등학교 과정인 수와 연산, 도형 등 수학의 전 영역을 골고루 다루어, 자녀들의 수학적 사고의 폭을 넓히는 데 큰 도움을 줍니다.

학습 지도 가이드와 다양한 학습 성취도 평가 자료를 수록했습니다

매주, 매달, 매 단계마다 학습 목표에 따른 지도 내용과 지도 요점, 완벽한 해설을 제공하여 학부모님께서 쉽게 지도하실 수 있습니다. 창의력 문제와 수학 경시 대회 예상 문제를 단계별로 수록, 수학 실력을 완성시켜 줍니다.

과학적 학습 분량으로 공부하는 습관이 몸에 배입니다

하루 10~20분 정도의 과학적 학습량으로 공부에 싫증을 느끼지 않게 하고, 학습에 자신감을 가지도록 하였습니다. 매일 일정 시간 꾸준하게 공부하도록 하면, 시키지 않아도 공부하는 습관이 몸에 배게 됩니다.

「기탄사고력수학」은 체계적이고 장기적인 프로그램으로 꾸준히 학습하면 반드시 성적으로 보답합니다

✿ 스몰 스텝(Small Step)방식으로 꾸준히 학습하면 성적이 올라갑니다

「기탄사고력수학」은 단순히 문제만 나열한 문제집이 아닙니다. 체계적이고 장기적인 학습프로그램을 통해 수학적 사고력과 창의력을 완성시켜 주는 스몰 스텝(Small Step)방식으로 꾸준히 학습하면 반드시 성적이 올라갑니다.

✿ 하루 3장, 10~20분씩 규칙적으로 학습하게 하세요

매일 일정 시간에 일정한 학습량을 꾸준히 재미있게 해야만 학습효과를 높일 수 있습니다. 주별로 분철하기 쉽게 제본되어 있으니, 교재를 구입하시면 먼저 분철하여 일주일 학습 분량만 자녀들에게 나누어 주세요. 그래야만 아이들이 학습 성취감과 자신감을 가질 수 있습니다.

✿ 자녀들의 수준에 알맞은 교재를 선택하세요

〈기탄사고력수학〉은 유아에서 초등학교 6학년까지, 나이와 학년에 관계없이 학습 난이도별로 자신의 능력에 맞는 단계를 선택하여 시작하는 능력별 교재입니다. 그러나 자녀의 수준보다 1~2단계 낮춘 교재부터 시작하면 학습에 더욱 자신감을 갖게 되어 효과적입니다.

교재 구분	교재 구성	대 상
A단계 교재	1, 2, 3, 4집	4세 ~ 5세 아동
B단계 교재	1, 2, 3, 4집	5세 ~ 6세 아동
C단계 교재	1, 2, 3, 4집	6세 ~ 7세 아동
D단계 교재	1, 2, 3, 4집	7세 ~ 초등학교 1학년
E단계 교재	1, 2, 3, 4, 5, 6집	초등학교 1학년
F단계 교재	1, 2, 3, 4, 5, 6집	초등학교 2학년
G단계 교재	1, 2, 3, 4, 5, 6집	초등학교 3학년
H단계 교재	1, 2, 3, 4, 5, 6집	초등학교 4학년
I 단계 교재	1, 2, 3, 4, 5, 6집	초등학교 5학년
J단계 교재	1, 2, 3, 4, 5, 6집	초등학교 6학년

「기탄사고력수학」으로 수학 성적 올리는 일등비법을 공개합니다

※ 문제를 먼저 풀어 주지 마세요

기탄사고력수학은 직관(전체 감지)을 논리(이론과 구체 연결)로 발전시켜 답을 구하도록 구성되었습니다. 쉽게 문제를 풀지 못하더라도 노력하는 과정에서 더 많은 것을 얻을 수 있으니, 약간의 힌트 외에는 자녀가 스스로 끝까지 문제를 풀어 나갈 수 있도록 격려해 주세요.

※ 교재는 이렇게 활용하세요

먼저 자녀들의 능력에 맞는 교재를 선택하세요. 그리고 일주일 분량씩 분철하여 매일 3장씩 풀 수 있도록 해 주세요. 한꺼번에 많은 양의 교재를 주시면 어린이가 부담을 느껴서 학습을 미루거나 포기하기 쉽습니다. 적당한 양을 매일매일 학습하도록 하여 수학 공부하는 재미를 느낄 수 있도록 해 주세요.

※ 교재 학습 과정을 꼭 지켜 주세요

한 주 학습이 끝날 때마다 창의력 문제와 경시 대회 예상 문제를 꼭 풀고 넘어가도록 해 주시고, 한 권(한 달 과정)이 끝나면 성취도 테스트와 종료 테스트를 통해 스스로 실력을 가늠해 볼 수 있도록 도와 주세요. 문제를 다 풀면 반드시 해답지를 이용하여 정확하게 채점해 주시고, 틀린 문제를 체크해 놓았다가 다음에는 확실히 풀 수 있도록 지도해 주세요.

※ 자녀의 학습 관리를 게을리 하지 마세요

수학적 사고는 하루 아침에 생겨나는 것이 아닙니다. 날마다 꾸준히 규칙적으로 학습해 나갈 때에만 비로소 수학적 사고의 기틀이 마련되는 것입니다. 교육은 사랑입니다. 자녀가 학습한 부분을 어머니께서 꼭 확인하시면서 사랑으로 돌봐 주세요. 부모님의 관심 속에서 자란 아이들만이 성적 향상은 물론 이 사회에서 꼭 필요한 인격체로 성장해 나갈 수 있다는 것도 잊지 마세요.

A
단계 교재

A - ❶ 교재	A - ❷ 교재
나와 가족에 대하여 알기 바른 행동 알기 다양한 선 그리기 다양한 사물 색칠하기 ○△□ 알기 똑같은 것 찾기 빠진 것 찾기 종류가 같은 것과 다른 것 찾기 관찰력, 논리력, 사고력 키우기	필요한 물건 찾기 관계 있는 것 찾기 다양한 기준에 따라 분류하기 (종류, 용도, 모양, 색깔, 재질, 계절, 성질 등) 두 가지 기준에 따라 분류하기 다섯까지 세기 변별력 키우기 미로 통과하기

A - ❸ 교재	A - ❹ 교재
다양한 기준으로 비교하기 (길이, 높이, 양, 무게, 크기, 두께, 넓이, 속도, 깊이 등) 시간의 순서 비교하기 반대 개념 알기 3까지의 숫자 배우기 그림 퍼즐 맞추기 미로 통과하기	최상급 개념 알기 다양한 기준으로 순서 짓기 (크기, 시간, 길이, 두께 등) 네 가지 이상 비교하기 이중 서열 알기 ABAB, ABCABC의 규칙성 알기 다양한 규칙 이해하기 부분과 전체 알기 5까지의 숫자 배우기 일대일 대응, 일대다 대응 알기 미로 통과하기

B
단계 교재

B - ❶ 교재	B - ❷ 교재
열까지 세기 9까지의 숫자 배우기 사물의 기본 모양 알기 모양 구성하기 모양 나누기와 합치기 같은 모양, 짝이 되는 모양 찾기 위치 개념 알기 (위, 아래, 앞, 뒤) 위치 파악하기	9까지의 수량, 수 단어, 숫자 연결하기 구체물을 이용한 수 익히기 반구체물을 이용한 수 익히기 위치 개념 알기 (안, 밖, 왼쪽, 가운데, 오른쪽) 다양한 위치 개념 알기 시간 개념 알기 (낮, 밤) 구체물을 이용한 수와 양의 개념 알기 (같다, 많다, 적다)

B - ❸ 교재	B - ❹ 교재
순서대로 숫자 쓰기 거꾸로 숫자 쓰기 1 큰 수와 2 큰 수 알기 1 작은 수와 2 작은 수 알기 반구체물을 이용한 수와 양의 개념 알기 보존 개념 익히기 여러 가지 단위 배우기	순서수 알기 사물의 입체 모양 알기 입체 모양 나누기 두 수의 크기 비교하기 여러 수의 크기 비교하기 0의 개념 알기 0부터 9까지의 수 익히기

C

단계 교재

C - ❶ 교재

구체물을 통한 수 가르기
반구체물을 통한 수 가르기
숫자를 도입한 수 가르기
구체물을 통한 수 모으기
반구체물을 통한 수 모으기
숫자를 도입한 수 모으기

C - ❷ 교재

수 가르기와 모으기
여러 가지 방법으로 수 가르기
수 모으고 다시 수 가르기
수 가르고 다시 수 모으기
더해 보기
세로로 더해 보기
빼 보기
세로로 빼 보기
더해 보기와 빼 보기
바꾸어서 셈하기

C - ❸ 교재

길이 측정하기
넓이 측정하기
둘레 측정하기
부피 측정하기
활동 시간 알아보기
여러 가지 측정하기
높이 측정하기
크기 측정하기
무게 측정하기
들이 측정하기
시간의 순서 알아보기

C - ❹ 교재

열 개
열 개 만들어 보기
열 개 묶어 보기
자리 알아보기
수 '10' 알아보기
10의 크기 알아보기
더하여 10이 되는 수 알아보기
열다섯까지 세어 보기
스물까지 세어 보기

단계 교재

D - ❶ 교재

수 11~20 알기
11~20까지의 수 알기
30까지의 수 알아보기
자릿값을 이용하여 30까지의 수 나타내기
40까지의 수 알아보기
자릿값을 이용하여 40까지의 수 나타내기
자릿값을 이용하여 50까지의 수 나타내기
50까지의 수 알아보기

D - ❷ 교재

상자 모양, 공 모양, 둥근기둥 모양 알아보기
공간 위치 알아보기
입체도형으로 모양 만들기
여러 방향에서 본 모습 관찰하기
평면도형 알아보기
선대칭 모양 알아보기
모양 만들기와 탱그램

D - ❸ 교재

덧셈 이해하기
10이 되는 더하기
여러 가지로 더해 보기
덧셈 익히기
뺄셈 이해하기
10에서 빼기
여러 가지로 빼 보기
뺄셈 익히기

D - ❹ 교재

조사하여 기록하기
그래프의 이해
그래프의 활용
분수의 이해
시간 느끼기
사건의 순서 알기
소요 시간 알아보기
달력 보기
시계 보기
활동한 시간 알기

단계 교재

E - ❶ 교재	E - ❷ 교재	E - ❸ 교재
사물의 개수를 세어 보고 1, 2, 3, 4, 5 알아보기 0의 개념과 0~5까지의 수의 순서 알기 하나 더 많다, 적다의 개념 알기 두 수의 크기 비교하기 사물의 개수를 세어 보고 6, 7, 8, 9 알아보기 0~9까지의 수의 순서 알기 하나 더 많다, 적다의 개념 알기 두 수의 크기 비교하기 여러 가지 모양 알아보기, 찾아보기, 만들어 보기 규칙 찾기	두 수로 가르기 두 수를 모으기 가르기와 모으기 덧셈식 알아보기 뺄셈식 알아보기 길이 비교해 보기 높이 비교해 보기 들이 비교해 보기 무게 비교해 보기 넓이 비교해 보기	수 10(십) 알아보기 19까지의 수 알아보기 몇십과 몇십 몇 알아보기 물건의 수 세기 50까지 수의 순서 알아보기 두 수의 크기 비교하기 분류하기 분류하여 세어 보기
E - ❹ 교재	**E - ❺ 교재**	**E - ❻ 교재**
수 60, 70, 80, 90 99까지의 수 수의 순서 두 수의 크기 비교 여러 가지 모양 알아보기, 찾아보기 여러 가지 모양 만들기, 그리기 규칙 찾기 10을 두 수로 가르기 10이 되도록 두 수를 모으기	10이 되는 더하기 10에서 빼기 세 수의 덧셈과 뺄셈 (몇십)+(몇), (몇십 몇)+(몇), (몇십 몇)+(몇십 몇) (몇십 몇)−(몇), (몇십 몇)−(몇십 몇) 긴바늘, 짧은바늘 알아보기 몇 시 알아보기 몇 시 30분 알아보기	세 수의 덧셈 받아올림이 있는 (몇)+(몇) 받아내림이 있는 (십 몇)−(몇) 세 수의 계산 덧셈식, 뺄셈식 만들기 □가 있는 덧셈식, 뺄셈식 만들기 여러 가지 방법으로 해결하기

단계 교재

F - ❶ 교재	F - ❷ 교재	F - ❸ 교재
백(100)과 몇백(200, 300, ……)의 개념 이해 세 자리 수와 뛰어 세기의 이해 세 자리 수의 크기 비교 받아올림이 있는 (두 자리 수)+(한 자리 수)의 계산 받아내림이 있는 (두 자리 수)−(한 자리 수)의 계산 세 수의 덧셈과 뺄셈 선분과 직선의 차이 이해 사각형, 삼각형, 원 등의 여러 가지 모양 쌓기나무로 똑같이 쌓아 보고 여러 가지 모양 만들기 배열 순서에 따라 규칙 찾아내기	받아올림이 있는 (두 자리 수)+(두 자리 수)의 계산 받아내림이 있는 (두 자리 수)−(두 자리 수)의 계산 여러 가지 방법으로 계산하고 세 수의 혼합 계산 길이 비교와 단위길이의 비교 길이의 단위(cm) 알기 길이 재기와 길이 어림하기 어떤 수를 □로 나타내기 덧셈식 · 뺄셈식에서 □의 값 구하기 어떤 수를 구하는 식 만들기 식에 알맞은 문제 만들기	시각 읽기 시각과 시간의 차이 알기 하루의 시간 알기 달력을 보며 1년 알기 몇 시 몇 분 전 알기 반 시간 알기 묶어 세기 몇 배 알아보기 더하기를 곱하기로 나타내기 덧셈식과 곱셈식으로 나타내기
F - ❹ 교재	**F - ❺ 교재**	**F - ❻ 교재**
2~9의 단 곱셈구구 익히기 1의 단 곱셈구구와 0의 곱 곱셈표에서 규칙 찾기 받아올림이 없는 세 자리 수의 덧셈 받아내림이 없는 세 자리 수의 뺄셈 여러 가지 방법으로 계산하기 미터(m)와 센티미터(cm) 길이 재기 길이 어림하기 길이의 합과 차	받아올림이 있는 세 자리 수의 덧셈 받아내림이 있는 세 자리 수의 뺄셈 여러 가지 방법으로 덧셈 · 뺄셈하기 세 수의 혼합 계산 똑같이 나누기 전체와 부분의 크기 분수의 쓰기와 읽기 분수만큼 색칠하고 분수로 나타내기 표와 그래프로 나타내기 조사하여 표와 그래프로 나타내기	□가 있는 곱셈식을 만들어 문제 해결하기 규칙을 찾아 문제 해결하기 거꾸로 생각하여 문제 해결하기

단계 교재

G - ❶ 교재	G - ❷ 교재	G - ❸ 교재
1000의 개념 알기 몇천, 네 자리 수 알기 수의 자릿값 알기 뛰어 세기, 두 수의 크기 비교 세 자리 수의 덧셈 덧셈의 여러 가지 방법 세 자리 수의 뺄셈 뺄셈의 여러 가지 방법 각과 직각의 이해 직각삼각형, 직사각형, 정사각형의 이해	똑같이 묶어 덜어 내기와 똑같게 나누기 나눗셈의 몫 곱셈과 나눗셈의 관계 나눗셈의 몫을 구하는 방법 나눗셈의 세로 형식 곱셈을 활용하여 나눗셈의 몫 구하기 평면도형 밀기, 뒤집기, 돌리기 평면도형 뒤집고 돌리기 (몇십)×(몇)의 계산 (두 자리 수)×(한 자리 수)의 계산	분수만큼 알기와 분수로 나타내기 몇 개인지 알기 분수의 크기 비교 mm 단위를 알기와 mm 단위까지 길이 재기 km 단위를 알기 km, m, cm, mm의 단위가 있는 길이의 합과 차 구하기 시각과 시간의 개념 알기 1초의 개념 알기 시간의 합과 차 구하기
G - ❹ 교재	**G - ❺ 교재**	**G - ❻ 교재**
(네 자리 수)+(세 자리 수) (네 자리 수)+(네 자리 수) (네 자리 수)-(세 자리 수) (네 자리 수)-(네 자리 수) 세 수의 덧셈과 뺄셈 (세 자리 수)×(한 자리 수) (몇십)×(몇십) / (두 자리 수)×(몇십) (두 자리 수)×(두 자리 수) 원의 중심과 반지름 / 그리기 / 지름 / 성질	(몇십)÷(몇) 내림이 없는 (몇십 몇)÷(몇) 나눗셈의 몫과 나머지 나눗셈식의 검산 / (몇십 몇)÷(몇) 들이 / 들이의 단위 들이의 어림하기와 합과 차 무게 / 무게의 단위 무게의 어림하기와 합과 차 0.1 / 소수 알아보기 소수의 크기 비교하기	막대그래프 막대그래프 그리기 그림그래프 그림그래프 그리기 알맞은 그래프로 나타내기 규칙을 정해 무늬 꾸미기 규칙을 찾아 문제 해결 표를 만들어서 문제 해결 예상과 확인으로 문제 해결

단계 교재

H - ❶ 교재	H - ❷ 교재	H - ❸ 교재
만 / 다섯 자리 수 / 십만, 백만, 천만 억 / 조 / 큰 수 뛰어서 세기 두 수의 크기 비교 100, 1000, 10000, 몇백, 몇천의 곱 (세,네 자리 수)×(두 자리 수) 세 수의 곱셈 / 몇십으로 나누기 (두,세 자리 수)÷(두 자리 수) 각의 크기 / 각 그리기 / 각도의 합과 차 삼각형의 세 각의 크기의 합 사각형의 네 각의 크기의 합	이등변삼각형 / 이등변삼각형의 성질 정삼각형 / 예각과 둔각 예각삼각형 / 둔각삼각형 덧셈, 뺄셈 또는 곱셈, 나눗셈이 섞여 있는 혼합 계산 덧셈, 뺄셈, 곱셈, 나눗셈이 섞여 있는 혼합 계산 ( ), { }가 있는 혼합 계산 분수와 진분수 / 가분수와 대분수 대분수를 가분수로, 가분수를 대분수로 나타내기 분모가 같은 분수의 크기 비교	소수 소수 두 자리 수 소수 세 자리 수 소수 사이의 관계 소수의 크기 비교 규칙을 찾아 수로 나타내기 규칙을 찾아 글로 나타내기 새로운 무늬 만들기
H - ❹ 교재	**H - ❺ 교재**	**H - ❻ 교재**
분모가 같은 진분수의 덧셈 분모가 같은 대분수의 덧셈 분모가 같은 진분수의 뺄셈 분모가 같은 대분수의 뺄셈 분모가 같은 대분수와 진분수의 덧셈과 뺄셈 소수의 덧셈 / 소수의 뺄셈 수직과 수선 / 수선 긋기 평행선 / 평행선 긋기 평행선 사이의 거리	사다리꼴 / 평행사변형 / 마름모 직사각형과 정사각형의 성질 다각형과 정다각형 / 대각선 여러 가지 모양 만들기 여러 가지 모양으로 덮기 직사각형과 정사각형의 둘레 $1cm^2$ / 직사각형과 정사각형의 넓이 여러 가지 도형의 넓이 이상과 이하 / 초과와 미만 / 수의 범위 올림과 버림 / 반올림 / 어림의 활용	꺾은선그래프 꺾은선그래프 그리기 물결선을 사용한 꺾은선그래프 물결선을 사용한 꺾은선그래프 그리기 알맞은 그래프로 나타내기 꺾은선그래프의 활용 두 수 사이의 관계 두 수 사이의 관계를 식으로 나타내기 문제를 해결하고 풀이 과정을 설명하기

기탄사고력수학 교재별 학습 내용

단계 교재

I - ❶ 교재	I - ❷ 교재	I - ❸ 교재
약수 / 배수 / 배수와 약수의 관계 공약수와 최대공약수 공배수와 최소공배수 크기가 같은 분수 알기 크기가 같은 분수 만들기 분수의 약분 / 분수의 통분 분수의 크기 비교 / 진분수의 덧셈 대분수의 덧셈 / 진분수의 뺄셈 대분수의 뺄셈 / 세 분수의 덧셈과 뺄셈	세 분수의 덧셈과 뺄셈 (진분수)×(자연수) / (대분수)×(자연수) (자연수)×(진분수) / (자연수)×(대분수) (단위분수)×(단위분수) (진분수)×(진분수) / (대분수)×(대분수) 세 분수의 곱셈 / 합동인 도형의 성질 합동인 삼각형 그리기 면, 모서리, 꼭짓점 직육면체와 정육면체 직육면체의 성질 / 겨냥도 / 전개도	평행사변형의 넓이 삼각형의 넓이 사다리꼴의 넓이 마름모의 넓이 넓이의 단위 m^2, a 넓이의 단위 ha, km^2 넓이의 단위 관계 무게의 단위
I - ❹ 교재	**I - ❺ 교재**	**I - ❻ 교재**
분수와 소수의 관계 분수를 소수로, 소수를 분수로 나타내기 분수와 소수의 크기 비교 1÷(자연수)를 곱셈으로 나타내기 (자연수)÷(자연수)를 곱셈으로 나타내기 (진분수)÷(자연수) / (가분수)÷(자연수) (대분수)÷(자연수) 분수와 자연수의 혼합 계산 선대칭도형/선대칭의 위치에 있는 도형 점대칭도형/점대칭의 위치에 있는 도형	(소수)×(자연수) / (자연수)×(소수) 곱의 소수점의 위치 (소수)×(소수) 소수의 곱셈 (소수)÷(자연수) (자연수)÷(자연수) 줄기와 잎 그림 그림그래프 평균 자료를 그래프로 나타내고 설명하기	두 수의 크기 비교 비율 백분율 할푼리 실제로 해 보기와 표 만들기 그림 그리기와 식 만들기 예상하고 확인하기와 표 만들기 실제로 해 보기와 규칙 찾기

단계 교재

J - ❶ 교재	J - ❷ 교재	J - ❸ 교재
(자연수)÷(단위분수) 분모가 같은 진분수끼리의 나눗셈 분모가 다른 진분수끼리의 나눗셈 (자연수)÷(진분수) / 대분수의 나눗셈 분수의 나눗셈 활용하기 소수의 나눗셈 / (자연수)÷(소수) 소수의 나눗셈에서 나머지 반올림한 몫 입체도형과 각기둥 / 각뿔 각기둥의 전개도 / 각뿔의 전개도	쌓기나무의 개수 쌓기나무의 각 자리, 각 층별로 나누어 개수 구하기 규칙 찾기 쌓기나무로 만든 것, 여러 가지 입체도형, 여러 가지 생활 속 건축물의 위, 앞, 옆 에서 본 모양 원주와 원주율 / 원의 넓이 띠그래프 알기 / 띠그래프 그리기 원그래프 알기 / 원그래프 그리기	비례식 비의 성질 가장 작은 자연수의 비로 나타내기 비례식의 성질 비례식의 활용 연비 두 비의 관계를 연비로 나타내기 연비의 성질 비례배분 연비로 비례배분
J - ❹ 교재	**J - ❺ 교재**	**J - ❻ 교재**
(소수)÷(분수) / (분수)÷(소수) 분수와 소수의 혼합 계산 원기둥 / 원기둥의 전개도 원뿔 회전체 / 회전체의 단면 직육면체와 정육면체의 겉넓이 부피의 비교 / 부피의 단위 직육면체와 정육면체의 부피 부피의 큰 단위 부피와 들이 사이의 관계	원기둥의 겉넓이 원기둥의 부피 경우의 수 순서가 있는 경우의 수 여러 가지 경우의 수 확률 미지수를 x로 나타내기 등식 알기 / 방정식 알기 등식의 성질을 이용하여 방정식 풀기 방정식의 활용	두 수 사이의 대응 관계 / 정비례 정비례를 활용하여 생활 문제 해결하기 반비례 반비례를 활용하여 생활 문제 해결하기 그림을 그리거나 식을 세워 문제 해결하기 거꾸로 생각하거나 식을 세워 문제 해결하기 표를 작성하거나 예상과 확인을 통하여 문제 해결하기 여러 가지 방법으로 문제 해결하기 새로운 문제를 만들어 풀어 보기

사고력도 탄탄! 창의력도 탄탄!
기탄사고력수학

J4

J181a ~ J195b

학습 관리표

학습 내용		이번 주는?
분수와 소수의 혼합 계산	· (소수)÷(분수) · (분수)÷(소수) · 분수와 소수의 혼합 계산 1 · 분수와 소수의 혼합 계산 2 · 창의력 학습 · 경시대회 예상문제	• 학습 방법 : ① 매일매일 ② 가끔 ③ 한꺼번에 하였습니다. • 학습 태도 : ① 스스로 잘 ② 시켜서 억지로 하였습니다. • 학습 흥미 : ① 재미있게 ② 싫증내며 하였습니다. • 교재 내용 : ① 적합하다고 ② 어렵다고 ③ 쉽다고 하였습니다.

지도 교사가 부모님께	부모님이 지도 교사께

평가	Ⓐ 아주 잘함	Ⓑ 잘함	Ⓒ 보통	Ⓓ 부족함

원(교) 반 이름 전화

기초부터 탄탄하게 기탄교육
www.gitan.co.kr / (02)586-1007(대)

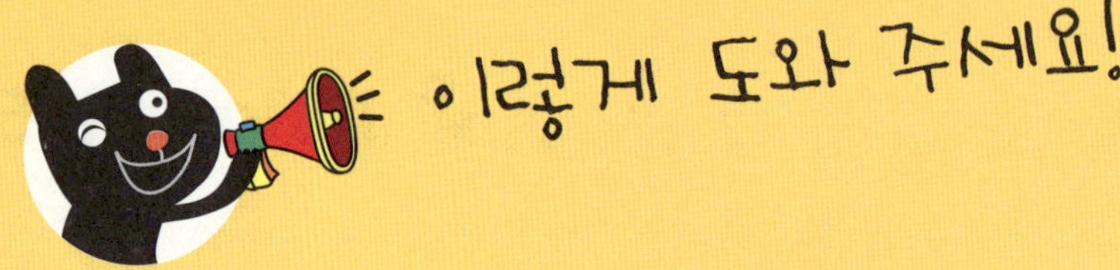

● 학습 목표

- (소수)÷(분수)에서 분수를 소수로 고쳐서 계산하거나 소수를 분수로 고쳐서 계산할 수 있습니다.
- (분수)÷(소수)에서 소수를 분수로 고쳐서 계산하거나 분수를 소수로 고쳐서 계산할 수 있습니다.
- 소수로 고쳐서 나눗셈을 할 때, 나누어떨어지지 않는 경우 소수를 분수로 고쳐서 계산해야 정확한 값을 구할 수 있음을 알 수 있습니다.
- 분수와 소수의 덧셈, 뺄셈, 곱셈, 나눗셈이 섞여 있는 식의 계산 순서를 알고 분수나 소수를 각각 편리한 형태로 고쳐서 계산할 수 있습니다.

● 지도 내용

- (소수)÷(분수)에서 분수를 소수로 고쳐서 계산하거나 소수를 분수로 고쳐서 계산하게 합니다.
- (분수)÷(소수)에서 소수를 분수로 고쳐서 계산하거나 분수를 소수로 고쳐서 계산하게 합니다.
- 소수로 고쳐서 나눗셈을 할 때, 나누어떨어지지 않는 계산은 소수를 분수로 고쳐서 계산하게 합니다.
- 덧셈, 뺄셈, 곱셈, 나눗셈이 섞여 있는 식의 계산 순서와 괄호가 있는 식의 계산 순서를 알게 합니다.
- 분수 또는 소수로 고쳐서 계산하는 방법 중에서 편리한 방법을 선택하여 계산하게 합니다.

● 지도 요점

(소수)÷(분수), (분수)÷(소수)를 통하여 분수와 소수의 혼합 계산을 이해하고, 능숙하게 계산하는 능력을 기르게 합니다. 분수와 소수의 혼합 계산은 자연수의 혼합 계산과 같은 방법으로 한다는 것을 충분히 이해하게 합니다. 또 분수와 소수의 혼합 계산에서 소수로 나누어떨어지지 않는 경우에는 소수를 분수로 고쳐서 계산하는 것이 정확하다는 것을 알고, 소수를 분수로 고쳐서 계산할 수 있게 합니다.

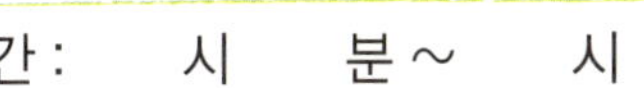

이름 :
날짜 :
시간 : 시 분 ~ 시 분

◆ (소수)÷(분수)(1) ◆

$2.4 \div \frac{3}{5}$을 계산하려고 합니다. 물음에 답하시오. [1~2]

1 분수를 소수로 고쳐서 계산하시오.

$$2.4 \div \frac{3}{5} = 2.4 \div \square = \square$$

2 소수를 분수로 고쳐서 계산하시오.

$$2.4 \div \frac{3}{5} = \frac{\square}{10} \div \frac{3}{5} = \frac{\square}{10} \times \frac{\square}{\square} = \square$$

$4.35 \div 1\frac{1}{2}$을 계산하려고 합니다. 물음에 답하시오. [3~4]

3 분수를 소수로 고쳐서 계산하시오.

$$4.35 \div 1\frac{1}{2} = 4.35 \div \square = \square$$

4 소수를 분수로 고쳐서 계산하시오.

$$4.35 \div 1\frac{1}{2} = \frac{\square}{100} \div \frac{\square}{2} = \frac{\square}{100} \times \frac{2}{\square} = \frac{\square}{10} = \square\frac{\square}{\square}$$

□ 안에 알맞은 수를 써넣으시오. [5~8]

5 $1.8 \div \frac{2}{5} = 1.8 \div \square = \square$

6 $3.42 \div 1\frac{1}{2} = 3.42 \div \square = \square$

7 $3.6 \div \frac{3}{4} = \frac{\square}{10} \div \frac{3}{4} = \frac{\square}{10} \times \frac{\square}{\square} = \frac{\square}{5} = \square\frac{\square}{\square}$

8 $2.97 \div 2\frac{1}{4} = \frac{\square}{100} \div \frac{\square}{4} = \frac{\square}{100} \times \frac{\square}{\square} = \frac{\square}{\square} = \square\frac{\square}{\square}$

J-182a

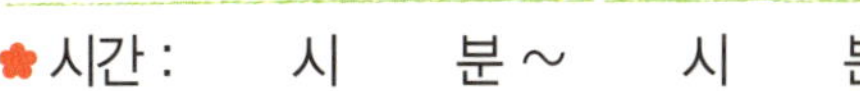
이름 :
날짜 :
시간 : 시 분 ~ 시 분

◆ (소수)÷(분수)(2) ◆

다음을 계산하시오. [1~10]

1 $0.8 \div \frac{1}{2}$

2 $2.4 \div \frac{4}{5}$

3 $0.81 \div \frac{9}{20}$

4 $1.23 \div \frac{3}{4}$

5 $6.3 \div 1\frac{2}{5}$

6 $0.72 \div 1\frac{1}{2}$

7 $6.48 \div 1\frac{4}{5}$

8 $2.73 \div 2\frac{5}{8}$

9 $2.97 \div 2\frac{7}{10}$

10 $4.65 \div 3\frac{3}{4}$

11 빈칸에 알맞은 수를 써넣으시오.

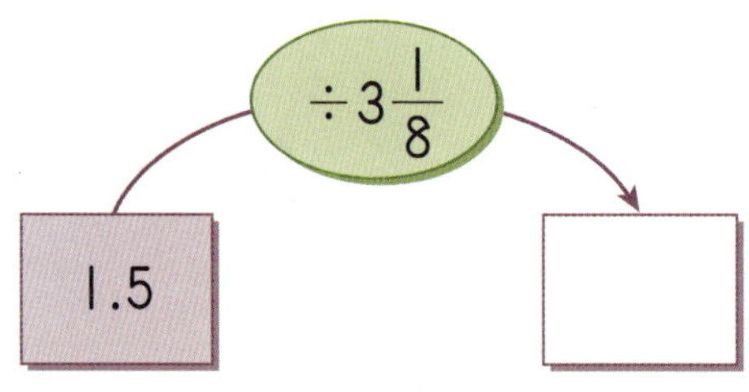

12 계산 결과가 더 큰 것의 기호를 쓰시오.

㉠ $11.07 \div 2\frac{1}{4}$ ㉡ $6.42 \div 1\frac{1}{5}$

[답]

13 □ 안에 알맞은 소수를 써넣으시오.

$\square \times 5\frac{1}{4} = 12.6$

이름 :

날짜 :

시간 : 시 분 ~ 시 분

확인

◆ (소수) ÷ (분수)(3) ◆

1 우유가 2.7L 있습니다. 이 우유를 하루에 $\frac{3}{10}$L씩 마신다면 며칠 동안 마실 수 있습니까?

[식] [답]

2 넓이가 1.8m^2이고, 가로가 $\frac{9}{10}$m인 직사각형 모양의 거울이 있습니다. 이 거울의 세로는 몇 m입니까?

[식] [답]

3 한 시간에 석유를 $\frac{5}{8}$L씩 소비하는 난로가 있습니다. 이 난로는 석유 6.25L를 소비하는 데 몇 시간이 걸리겠습니까?

[식] [답]

4 벽을 칠하는 데 파란색 페인트는 4.75L, 빨간색 페인트는 $3\frac{1}{8}$L를 사용하였습니다. 파란색 페인트는 빨간색 페인트의 몇 배를 사용하였습니까?

[식] [답]

5 다음 직사각형의 넓이가 4.68cm^2일 때, 가로는 몇 cm입니까?

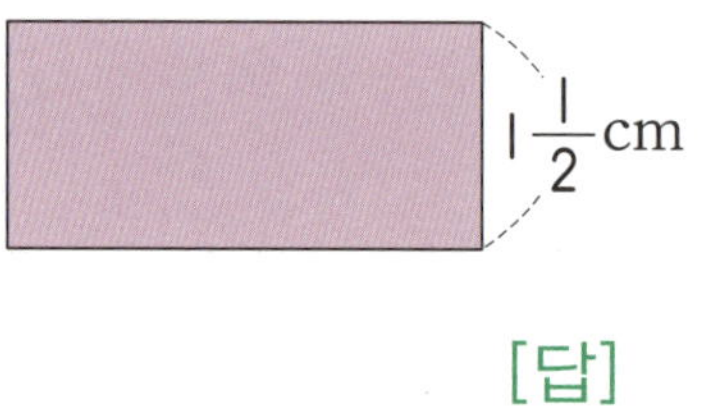

[답]

6 미선이네 가족이 자동차를 타고 $1\frac{5}{6}$시간 동안 141.9km를 달렸습니다. 같은 빠르기로 한 시간 동안 달린 거리는 몇 km입니까?

[답]

7 어떤 수에 $1\frac{3}{5}$을 곱하였더니 9.68이 되었습니다. 어떤 수는 얼마입니까?

[답]

8 석주네 집에서 학교까지의 거리는 2.45km이고, 석주네 집에서 문구점까지의 거리는 $1\frac{2}{5}$km입니다. 석주네 집에서 학교까지의 거리는 석주네 집에서 문구점까지의 거리의 몇 배입니까?

[답]

이름 :

날짜 :

시간 : 시 분 ~ 시 분

◆ (분수)÷(소수)(1) ◆

$\frac{3}{5} \div 0.8$을 계산하려고 합니다. 물음에 답하시오. [1~2]

1 소수를 분수로 고쳐서 계산하시오.

$$\frac{3}{5} \div 0.8 = \frac{3}{5} \div \frac{\square}{10} = \frac{3}{5} \times \frac{10}{\square} = \frac{\square}{\square}$$

2 분수를 소수로 고쳐서 계산하시오.

$$\frac{3}{5} \div 0.8 = \square \div 0.8 = \square$$

$1\frac{1}{2} \div 0.9$를 계산하려고 합니다. 물음에 답하시오. [3~4]

3 소수를 분수로 고쳐서 계산하시오.

$$1\frac{1}{2} \div 0.9 = 1\frac{1}{2} \div \frac{\square}{10} = \frac{\square}{2} \times \frac{10}{\square} = \frac{\square}{3} = \square\frac{\square}{\square}$$

4 분수를 소수로 고쳐서 계산하시오. 소수로 나누어떨어지지 않으면 소수 둘째 자리에서 반올림하시오.

[답]

□ 안에 알맞은 수를 써넣으시오. [5~6]

5 $1\frac{3}{4} \div 1.4 = 1\frac{3}{4} \div \frac{\square}{10} = \frac{\square}{4} \times \frac{\square}{\square} = \frac{\square}{4} = \square\frac{\square}{\square}$

6 $1\frac{1}{2} \div 2.4 = \square \div 2.4 = \square$

보기 와 같이 분수를 소수로 고쳐서 계산하시오. 소수로 나누어떨어지지 않으면 소수 둘째 자리에서 반올림하시오. [7~8]

보기

$1\frac{2}{5} \div 1.2 = 1.4 \div 1.2 = 1.16 \cdots\cdots \Rightarrow 1.2$

7 $2\frac{1}{5} \div 0.6$

8 $4\frac{3}{4} \div 1.8$

J-185a

이름 :

날짜 :

시간 : 시 분 ~ 시 분

◆ (분수) ÷ (소수)(2) ◆

다음을 계산하시오. [1~4]

1 $\frac{3}{5} \div 0.4$

2 $\frac{3}{8} \div 1.5$

3 $2\frac{1}{2} \div 0.2$

4 $3\frac{3}{5} \div 4.5$

분수를 소수로 고쳐서 계산하시오. 소수로 나누어떨어지지 않으면 소수 둘째 자리에서 반올림하시오. [5~8]

5 $2\frac{1}{2} \div 0.3$

6 $1\frac{3}{4} \div 1.5$

7 $4\frac{3}{5} \div 2.4$

8 $3\frac{7}{8} \div 1.22$

9 □ 안에 알맞은 수를 써넣으시오.

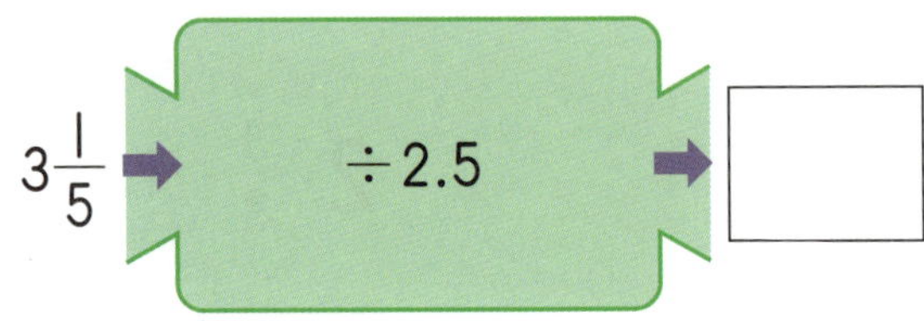

10 ○ 안에 >, =, <를 알맞게 써넣으시오.

$$3\frac{3}{8} \div 1.8 \bigcirc 5\frac{1}{4} \div 2.8$$

11 분수를 소수로 고쳐서 계산할 때, 소수로 나누어떨어지지 않는 것을 찾아 기호를 쓰시오.

㉠ $\frac{7}{8} \div 3.5$	㉡ $2\frac{1}{4} \div 0.9$
㉢ $2\frac{3}{4} \div 2.2$	㉣ $3\frac{1}{2} \div 1.5$

[답]

J-186a

* 이름 :
* 날짜 :
* 시간 : 시 분 ~ 시 분

◆ (분수) ÷ (소수)(3) ◆

1 과자 한 개를 만드는 데 밀가루 0.3kg이 사용됩니다. 밀가루 $4\frac{1}{2}$kg으로 과자를 몇 개 만들 수 있습니까?

[식] [답]

2 길이가 $6\frac{2}{5}$m인 철사를 1.6m씩 자르면 몇 도막이 됩니까?

[식] [답]

3 넓이가 $8\frac{1}{20}$ m^2인 직사각형 모양의 밭이 있습니다. 이 밭의 가로가 2.3m이면 세로는 몇 m입니까?

[식] [답]

4 벽 $5\frac{3}{5}$ m^2를 칠하는 데 페인트 2.52L를 사용하였습니다. 1L의 페인트로 칠할 수 있는 벽은 몇 m^2입니까?

[식] [답]

5 주스 $3\frac{1}{4}$L를 한 사람이 0.65L씩 마신다면 몇 명이 나누어 마실 수 있습니까?

[답]

6 어떤 수에 2.8을 곱하였더니 $4\frac{1}{5}$이 되었습니다. 어떤 수는 얼마입니까?

[답]

7 1분에 물이 4.5L씩 나오는 수도가 있습니다. 이 수도로 들이가 $20\frac{1}{4}$L인 물통에 물을 가득 채우려면 몇 분이 걸리겠습니까?

[답]

8 진희이네 집 앞에 있는 밤나무의 높이는 $3\frac{1}{2}$m이고, 진희의 키는 1.47m입니다. 밤나무의 높이는 진희의 키의 몇 배입니까?

[답]

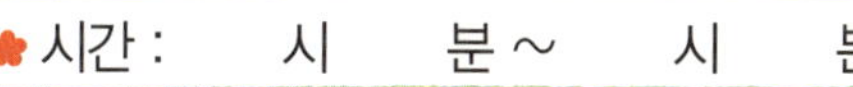

이름 :
날짜 :
시간 : 시 분 ~ 시 분

◆ 분수와 소수의 혼합 계산1(1) ◆

$1\frac{2}{5}+1.4\div0.5$를 계산하려고 합니다. 물음에 답하시오. [1~3]

1 계산 순서에 맞게 기호를 쓰시오.

$$1\frac{2}{5}\underset{㉠}{+}1.4\underset{㉡}{\div}0.5$$

[답] ______

2 분수를 소수로 고쳐서 계산하시오.

$$1\frac{2}{5}+1.4\div0.5=\square+1.4\div0.5$$
$$=\square+\square=\square$$

3 소수를 분수로 고쳐서 계산하시오.

$$1\frac{2}{5}+1.4\div0.5=\frac{7}{5}+\frac{\square}{10}\div\frac{5}{10}=\frac{7}{5}+\frac{\square}{10}\times\frac{10}{5}$$
$$=\frac{7}{5}+\frac{\square}{\square}=\frac{\square}{\square}=\square\frac{\square}{\square}$$

$1\frac{1}{5}\times3.5-4.2\div3\frac{1}{2}$을 계산하려고 합니다. 물음에 답하시오. [4~6]

4 계산 순서에 맞게 기호를 쓰시오.

$$1\frac{1}{5}\times3.5-4.2\div3\frac{1}{2}$$

(× ↑ ㉠, − ↑ ㉡, ÷ ↑ ㉢)

[답] ______

5 분수를 소수로 고쳐서 계산하시오.

$$1\frac{1}{5}\times3.5-4.2\div3\frac{1}{2}=\square\times3.5-4.2\div\square$$

$$=\square-\square=\square$$

6 소수를 분수로 고쳐서 계산하시오.

$$1\frac{1}{5}\times3.5-4.2\div3\frac{1}{2}=\frac{6}{5}\times\frac{\square}{10}-\frac{\square}{10}\div\frac{7}{2}$$

$$=\frac{\square}{\square}-\frac{\square}{\square}\times\frac{2}{\square}$$

$$=\frac{\square}{\square}-\frac{\square}{\square}=\frac{\square}{\square}=\square$$

이름 :

날짜 :

시간 : 시 분 ~ 시 분

◆ 분수와 소수의 혼합 계산1(2) ◆

□ 안에 알맞은 수를 써넣으시오. [1~4]

1 $\frac{1}{2}+\frac{4}{5}\times 0.8=\square+\square\times 0.8=\square+\square=\square$

2 $2\frac{4}{5}\div(1.25+\frac{1}{2})=\square\div(1.25+\square)=\square\div\square=\square$

3 $1.8\times 1\frac{1}{4}-1.2=\frac{\square}{10}\times\frac{5}{4}-\frac{12}{10}=\frac{\square}{4}-\frac{12}{10}=\frac{\square}{20}=\square\frac{\square}{\square}$

4 $4\frac{1}{2}\div 1.5-\frac{5}{8}\times 1.5=\frac{\square}{2}\div\frac{\square}{\square}-\frac{5}{8}\times\frac{\square}{\square}$

$=\frac{\square}{2}\times\frac{\square}{\square}-\frac{5}{8}\times\frac{\square}{\square}$

$=\square-\frac{\square}{\square}=\square\frac{\square}{\square}$

보기 와 같이 계산하는 순서를 나타내고, 계산하시오. [5~7]

보기

$0.5+\frac{4}{5}\times 2.25=2.3$

①

②

5 $1.6-1\frac{3}{4}\div 2.5$

6 $0.7\times(4\frac{1}{2}\div 0.6)$

7 $3\frac{1}{5}\times 0.5+2.4\div\frac{3}{4}$

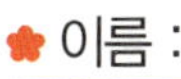
이름 :

날짜 :

시간 : 시 분 ~ 시 분

◆ 분수와 소수의 혼합 계산1(3) ◆

다음을 계산하시오. [1~4]

1 $4.2 \div 3\frac{1}{2} - \frac{3}{4}$

2 $(1\frac{4}{5} + 0.6) \times 1.4$

3 $2\frac{1}{4} \div 0.9 - \frac{2}{5} \times 1.5$

4 $(2.9 + 3.4) \div 2\frac{1}{4} \times 1.4$

5 ○ 안에 >, =, <를 알맞게 써넣으시오.

$$1\frac{4}{5} \div 0.9 + \frac{3}{5} \bigcirc 1\frac{4}{5} \div (0.9 + \frac{3}{5})$$

6 계산 결과가 옳은 것을 찾아 기호를 쓰시오.

㉠ $2.3 - 1.5 \times 1\frac{1}{4} = 1$

㉡ $3\frac{1}{2} \div (2.8 - \frac{7}{10}) = \frac{11}{20}$

㉢ $\frac{4}{5} \times 2.2 \div 1.21 = 1\frac{5}{11}$

㉣ $(1\frac{1}{2} + 1.7) \times \frac{3}{4} = 2.775$

[답]

7 물통에 물이 7.5L 들어 있습니다. 이 물통에서 물을 5.2L의 $\frac{1}{4}$만큼 덜어 내었다면 물통에 남아 있는 물은 몇 L입니까?

[식] [답]

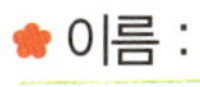
이름 :
날짜 :
시간 : 시 분 ~ 시 분

◆ 분수와 소수의 혼합 계산2(1) ◆

$3\frac{3}{4}\times0.6+2\frac{1}{2}\div0.5-1.4$를 계산하려고 합니다. 물음에 답하시오. [1~3]

1 계산 순서에 맞게 기호를 쓰시오.

$$3\frac{3}{4}\underset{㉠}{\times}0.6\underset{㉡}{+}2\frac{1}{2}\underset{㉢}{\div}0.5\underset{㉣}{-}1.4$$

[답] ______

2 분수를 소수로 고쳐서 계산하시오.

$$3\frac{3}{4}\times0.6+2\frac{1}{2}\div0.5-1.4=\square\times0.6+\square\div0.5-1.4$$
$$=\square+\square-1.4=\square$$

3 소수를 분수로 고쳐서 계산하시오.

$$3\frac{3}{4}\times0.6+2\frac{1}{2}\div0.5-1.4=\frac{15}{4}\times\frac{\square}{10}+\frac{5}{2}\div\frac{\square}{10}-\frac{14}{10}$$
$$=\frac{\square}{4}+\frac{5}{2}\times\frac{10}{\square}-\frac{14}{10}$$
$$=\frac{\square}{4}+\square-\frac{14}{10}=\square\frac{\square}{\square}$$

$2\frac{1}{2} \times (1\frac{2}{5} + 1.2) \div 5.2 - \frac{3}{4}$을 계산하려고 합니다. 물음에 답하시오. [4~6]

4 계산 순서에 맞게 기호를 쓰시오.

$$2\frac{1}{2} \underset{㉠}{\times} (1\frac{2}{5} \underset{㉡}{+} 1.2) \underset{㉢}{\div} 5.2 \underset{㉣}{-} \frac{3}{4}$$

[답] ______

5 분수를 소수로 고쳐서 계산하시오.

$$2\frac{1}{2} \times (1\frac{2}{5} + 1.2) \div 5.2 - \frac{3}{4} = \square \times (\square + 1.2) \div 5.2 - \square$$

$$= \square \times \square \div 5.2 - \square$$

$$= \square - \square = \square$$

6 소수를 분수로 고쳐서 계산하시오.

$$2\frac{1}{2} \times (1\frac{2}{5} + 1.2) \div 5.2 - \frac{3}{4} = \frac{5}{2} \times (\frac{7}{5} + \frac{\square}{10}) \div \frac{\square}{10} - \frac{3}{4}$$

$$= \frac{5}{2} \times \frac{\square}{5} \times \frac{10}{\square} - \frac{3}{4}$$

$$= \frac{\square}{\square} - \frac{3}{4} = \frac{\square}{2}$$

이름 :

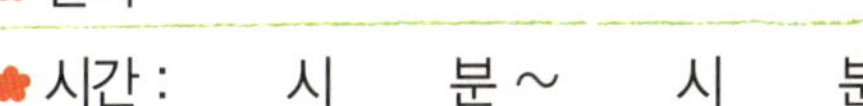
날짜 :

시간 : 시 분 ~ 시 분

◆ 분수와 소수의 혼합 계산2(2) ◆

□ 안에 알맞은 수를 써넣으시오. [1~3]

1 $4.8\div1\frac{1}{5}-1\frac{3}{4}+2.5\times\frac{1}{2}=4.8\div\square-\square+2.5\times\square$

$=\square-\square+\square=\square$

2 $(1\frac{1}{2}+0.75)\times4\div1\frac{4}{5}-2.7=(\frac{3}{2}+\frac{\square}{100})\times4\div\frac{\square}{5}-\frac{27}{10}$

$=\frac{\square}{4}\times4\times\frac{5}{\square}-\frac{27}{10}$

$=\square-\frac{27}{10}=\square\frac{\square}{\square}$

3 $6.4\div1\frac{3}{5}-(2\frac{1}{2}\times0.3+\frac{3}{4})=6.4\div\square-(\frac{\square}{2}\times\frac{\square}{10}+\frac{3}{4})$

$=\square-(\frac{\square}{4}+\frac{3}{4})$

$=\square-\frac{\square}{2}=\square\frac{\square}{\square}$

보기 와 같이 계산하는 순서를 나타내고, 계산하시오. [4~6]

보기

$$5.6 \div \left(1\frac{1}{3} - \frac{3}{4}\right) + 3.6 \times \frac{2}{3} = 12$$

① $1\frac{1}{3} - \frac{3}{4}$
② $5.6 \div$ ①
③ $3.6 \times \frac{2}{3}$
④ ② + ③

4 $1.24 \times 6\frac{1}{4} - 2.4 \div \frac{3}{5} + 1\frac{1}{2}$

5 $\left(6\frac{1}{5} - 2.9\right) \times \frac{2}{3} + 4.5 \div 2\frac{1}{2}$

6 $\left(2.7 - 2\frac{2}{3} \div 1.6\right) + 0.75 \times \frac{4}{15}$

이름 :

날짜 :

시간 : 시 분 ~ 시 분

◆ 분수와 소수의 혼합 계산2(3) ◆

다음을 계산하시오. [1~4]

1 $2-7.7\div3\frac{2}{3}\times0.2+\frac{3}{5}$

2 $3\frac{1}{8}\times(3.1-2\frac{1}{2})\div2.5+\frac{1}{4}$

3 $3-2\frac{4}{5}\div(1.4\times1\frac{1}{2})+\frac{5}{6}$

4 $1.25+\frac{2}{5}\div(2\frac{1}{2}-0.6\times3\frac{3}{4})$

다음 풀이 과정을 보고 물음에 답하시오. [5~7]

$$2.4 \div 1\frac{1}{2} + \left(2\frac{2}{5} - 1.35\right) \times 3\frac{1}{3}$$

㉠ $= 2.4 \div 1\frac{1}{2} + (2.4 - 1.35) \times 3\frac{1}{3}$

㉡ $= 2.4 \div 1.5 + 1.05 \times 3\frac{1}{3}$

㉢ $= 1.6 + 1.05 \times 3\frac{1}{3}$

㉣ $= 2.65 \times 3\frac{1}{3}$

㉤ $= 8\frac{5}{6}$

5 계산 과정 중 어느 부분부터 잘못 풀었는지 해당 단계의 기호를 쓰시오.

[답]

6 위의 문제에서 해당 단계가 잘못된 이유를 쓰시오.

[답]

7 틀린 부분을 고쳐서 바르게 계산하시오.

$$2.4 \div 1\frac{1}{2} + \left(2\frac{2}{5} - 1.35\right) \times 3\frac{1}{3}$$

이름 :
날짜 :
시간 : 시 분 ~ 시 분

창의력 학습

각 동물에 써 있는 식의 계산 결과가 클수록 당근을 많이 먹었다고 합니다. 당근을 가장 많이 먹은 동물을 찾아 쓰시오.

앗! 내 당근!

말	소	양	토끼
$(1\frac{1}{2}+2.1)\div1\frac{3}{5}$	$3.75\times\frac{2}{3}-1\frac{1}{4}$	$2.45\div(3\frac{1}{5}-1.8)$	$0.25+1\frac{1}{4}\times0.6$

[답]

용이가 집을 찾아 가려고 합니다. 주어진 문제를 계산 순서에 따라 계산하여 나온 결과를 따라가면 용이네 집에 도착한다고 합니다. 용이네 집은 어디인지 찾아보시오.

$$5.4+\left(3\frac{1}{2}-1.5\times1\frac{3}{5}\right)\div2.2$$

용이

2	$3\frac{1}{5}$	$3\frac{10}{11}$	
8.9	$2\frac{2}{5}$	8.6	5.9
$7\frac{2}{5}$	1.1	$\frac{1}{2}$	$2\frac{5}{11}$

이름 :

날짜 :

시간 : 시 분 ~ 시 분

경시대회 예상문제

1 가의 무게는 나의 무게의 몇 배입니까?

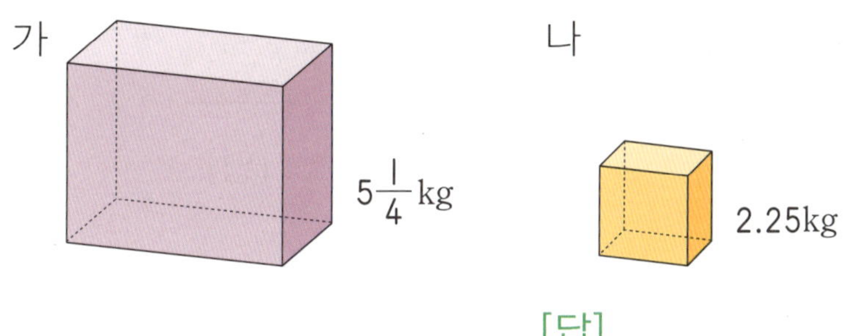

[답]

2 빈칸에 알맞은 소수를 써넣으시오.

÷ →

0.81	$\frac{3}{10}$	
$2\frac{3}{4}$		0.5

3 몫의 크기를 비교하여 큰 것부터 차례로 기호를 쓰시오.

㉠ $1.05 \div \frac{3}{4}$ ㉡ $2.4 \div 1\frac{1}{2}$

㉢ $1.43 \div \frac{13}{20}$ ㉣ $1.12 \div 1\frac{2}{5}$

[답]

4 도형의 넓이를 구하시오.

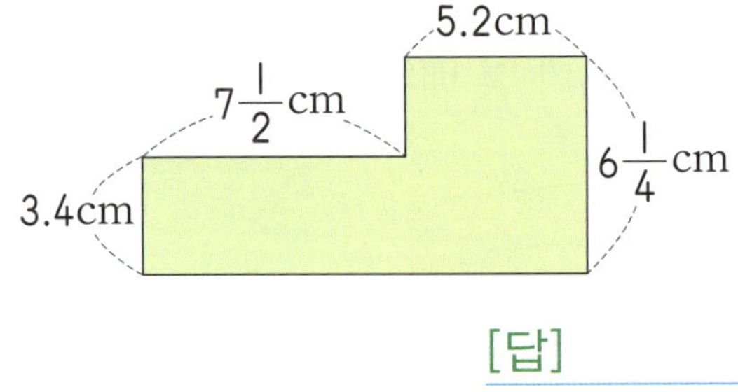

[답]

서술형·논술형

5 간장 2.5L를 병 3개에 똑같이 나누어 담았더니 $\frac{2}{5}$L가 남았습니다. 병 한 개에 간장을 몇 L씩 담았는지 풀이 과정을 쓰고 답을 구하시오.

[답]

6 ㉠과 ㉡의 합을 구하시오.

㉠ $5.4-6.8\div4\frac{1}{4}\times1.5+\frac{3}{5}$

㉡ $8.1-(1\frac{4}{5}+3.6)\times1\frac{1}{4}\div1.5$

[답]

서술형·논술형

7 어떤 수에 7.2를 곱하였더니 $\frac{24}{25}$가 되었습니다. 어떤 수를 0.32로 나누고 $\frac{3}{4}$을 더한 값은 얼마인지 풀이 과정을 쓰고 답을 구하시오.

[답]

8 □ 안에 알맞은 소수를 써넣으시오.

$$\square \times (0.5 \div \frac{5}{8} + 4.4) - 1\frac{1}{2} = 2\frac{2}{5}$$

9 한 개의 무게가 0.25kg인 사과 100개를 4개의 상자에 똑같이 나누어 담았습니다. 빈 상자의 무게가 $\frac{4}{5}$kg이면 사과를 담은 한 상자의 무게는 몇 kg입니까?

[답]

10 다음 사다리꼴의 넓이가 8.5cm^{2}일 때, 사다리꼴의 높이를 구하시오.

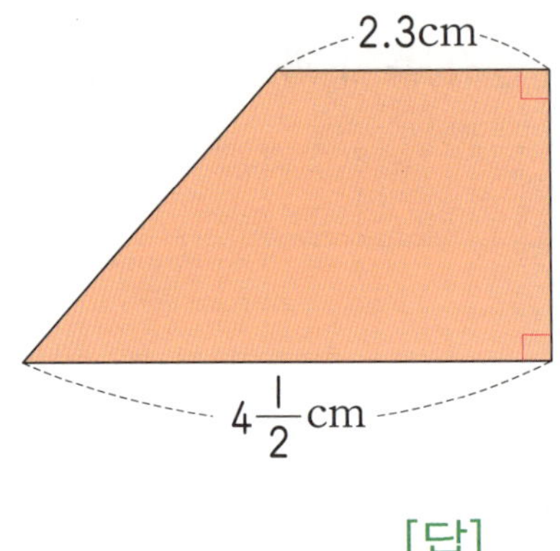

[답]

11 식이 성립하도록 (　)를 알맞게 써넣으시오.

$$2.3 \div 3\frac{4}{5} - 0.6 \times 2\frac{1}{2} = 1$$

12 ㉠◆㉡이 다음과 같을 때, $5\frac{1}{4}$◆2.25를 구하시오.

㉠◆㉡=㉠−㉡÷(㉠+㉡)

[답]

사고력도 탄탄! 창의력도 탄탄!
기탄 사고력 수학

J4

J196a ~ J210b

학습 관리표

학습 내용		이번 주는?
원기둥과 원뿔	· 원기둥 · 원기둥의 전개도 · 원뿔 · 회전체 · 회전체의 단면 · 창의력 학습 · 경시대회 예상문제	• 학습 방법 : ① 매일매일 ② 가끔 ③ 한꺼번에 하였습니다. • 학습 태도 : ① 스스로 잘 ② 시켜서 억지로 하였습니다. • 학습 흥미 : ① 재미있게 ② 싫증내며 하였습니다. • 교재 내용 : ① 적합하다고 ② 어렵다고 ③ 쉽다고 하였습니다.

지도 교사가 부모님께	부모님이 지도 교사께

평가	Ⓐ 아주 잘함	Ⓑ 잘함	Ⓒ 보통	Ⓓ 부족함

원(교) 반 이름 전화

기초부터 탄탄하게
기탄교육
www.gitan.co.kr / (02)586-1007(대)

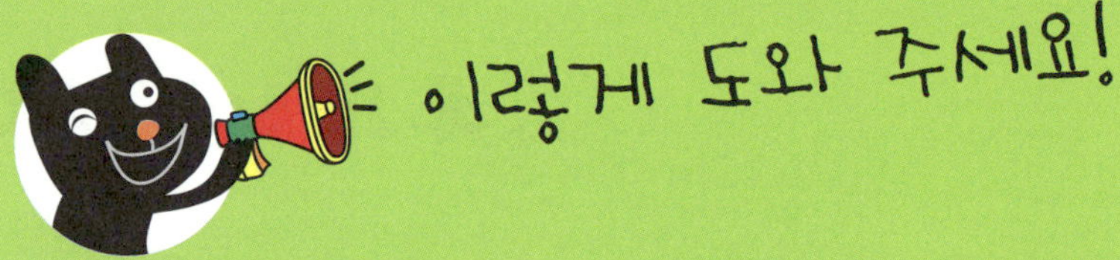

● 학습 목표

- 원기둥과 원뿔을 이해하고 구분할 수 있습니다.
- 원기둥과 원뿔의 구성 요소와 성질을 알 수 있습니다.
- 원기둥의 전개도를 이해하고 올바른 전개도를 구분할 수 있습니다.
- 회전체와 회전축을 이해하고 회전하기 전의 평면도형을 찾을 수 있습니다.
- 회전체의 단면과 회전체의 특징을 알 수 있습니다.
- 구의 특징을 알 수 있습니다.

● 지도 내용

- 원기둥을 이해하고 원기둥의 구성 요소를 알게 합니다.
- 원기둥의 전개도를 이해하고 올바른 전개도를 찾게 합니다.
- 원뿔을 이해하고 원뿔의 구성 요소를 알게 합니다.
- 원뿔의 높이와 모선의 길이를 재는 방법을 알게 합니다.
- 평면도형을 한 직선을 축으로 하여 한 번 돌려 얻은 입체도형을 생각해 보고 회전체와 회전축을 이해하게 합니다.
- 반원의 지름을 축으로 하여 한 번 돌려 얻은 회전체가 구임을 알게 합니다.
- 회전체를 단면으로 자른 모양을 이해하고 회전체의 특징을 알게 합니다.
- 구의 단면을 보고 구의 특징을 알게 합니다.

● 지도 요점

여러 가지 입체도형에서 원기둥과 원뿔을 구분하여 원기둥과 원뿔을 정의하고, 각 구성 요소를 알아보게 합니다. 원기둥의 모형을 잘라 펼치는 활동을 통하여 원기둥의 전개도를 이해하고 그릴 수 있게 합니다. 도형의 회전축을 중심으로 한 번 돌려 얻은 입체도형을 회전체라고 정의하고, 이 정의를 통하여 원기둥, 원뿔, 구가 회전체라는 것을 알게 합니다. 회전체를 회전축에 수직인 평면으로 잘랐을 때와 회전축을 품은 평면으로 잘랐을 때, 여러 가지 방향으로 잘랐을 때를 비교하게 하여 회전체에 대한 이해를 깊게 합니다. 구를 여러 가지 방향으로 자른 단면을 통하여 구의 특징을 알게 합니다.

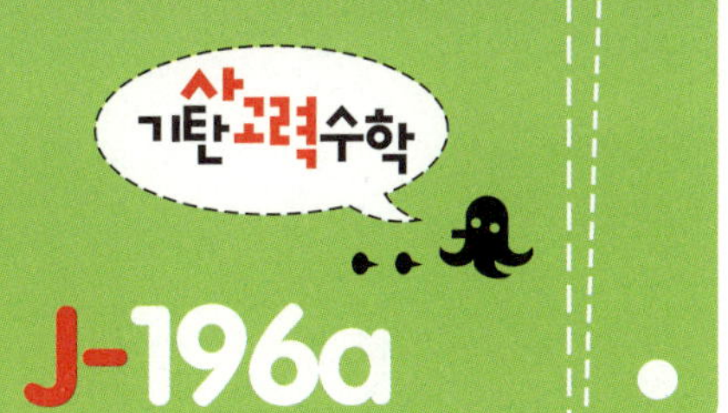

이름 :
날짜 :
시간 : 시 분 ~ 시 분

◆ 원기둥(1) ◆

두 면이 서로 평행하고 합동인 원으로 된 기둥 모양의 입체도형을 원기둥이라고 합니다.

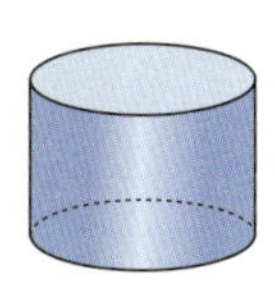

입체도형을 보고 물음에 답하시오. [1~3]

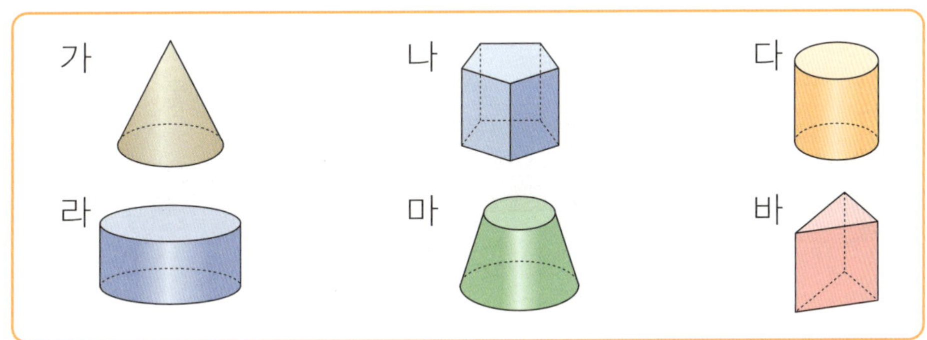

1 위아래에 있는 면이 서로 평행한 입체도형을 모두 찾아 쓰시오.

[답]

2 위아래에 있는 면이 서로 합동인 원으로 이루어진 입체도형을 모두 찾아 쓰시오.

[답]

3 원기둥을 모두 찾아 쓰시오.

[답]

원기둥을 찾아 ○표 하시오. [4~5]

4

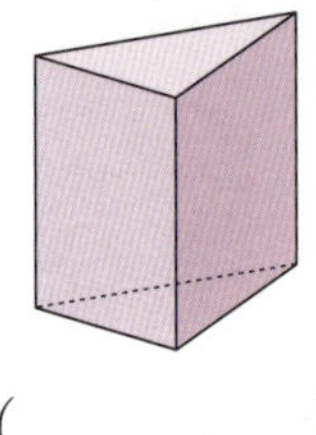 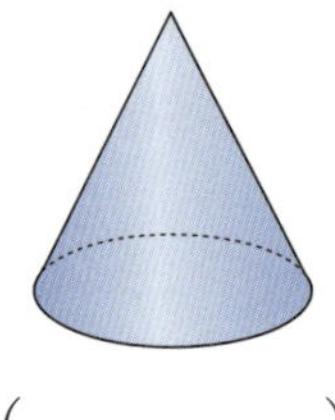 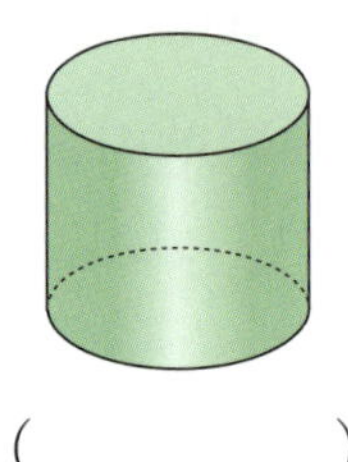

( ) ( ) ( )

5

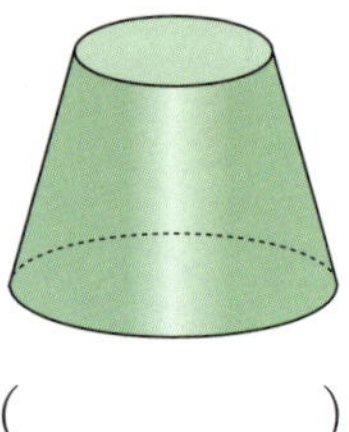 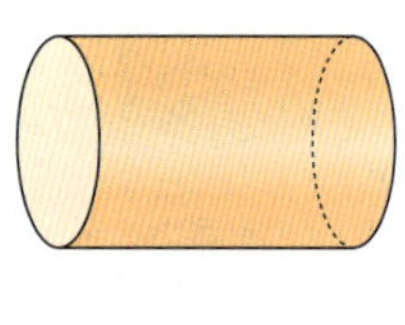 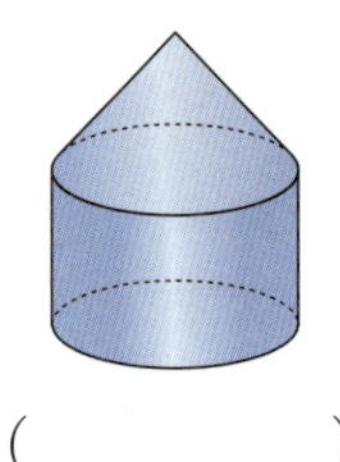

( ) ( ) ( )

6 다음 도형이 원기둥이 아닌 이유를 쓰시오.

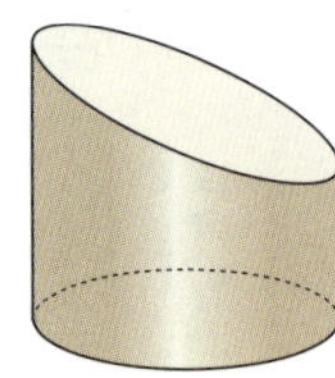

[답]

이름 :
날짜 :
시간 : 시 분 ~ 시 분

확인

◆ 원기둥(2) ◆

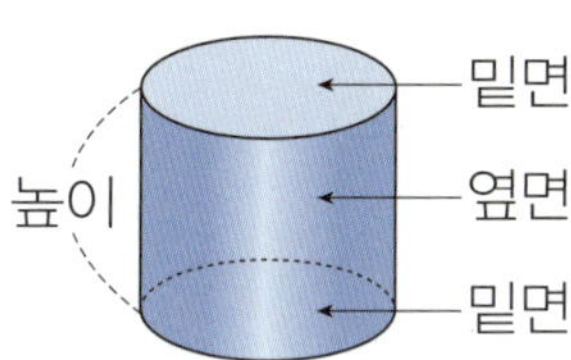

원기둥에서 위아래에 있는 면을 각각 밑면이라고 하고, 옆을 둘러싼 굽은 면을 옆면이라고 합니다. 또, 두 밑면에 수직인 선분의 길이를 높이라고 합니다.

원기둥을 보고 물음에 답하시오. [1~3]

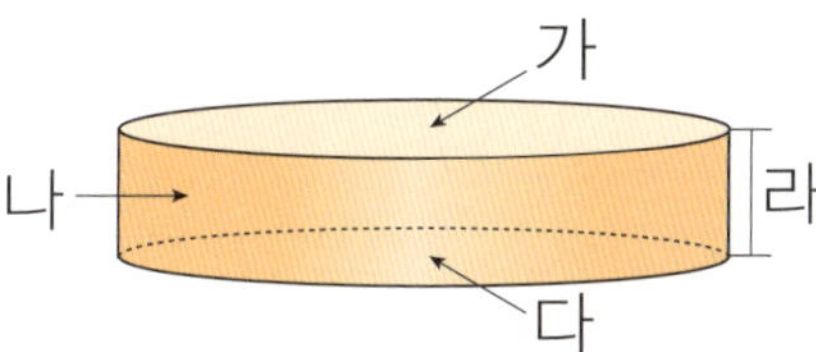

1 위아래에 있는 면 가, 다를 무엇이라고 합니까?

[답]

2 옆을 둘러싼 굽은 면 나를 무엇이라고 합니까?

[답]

3 면 가와 면 다 사이의 거리 라를 무엇이라고 합니까?

[답]

4 각 부분의 이름을 □ 안에 써넣으시오.

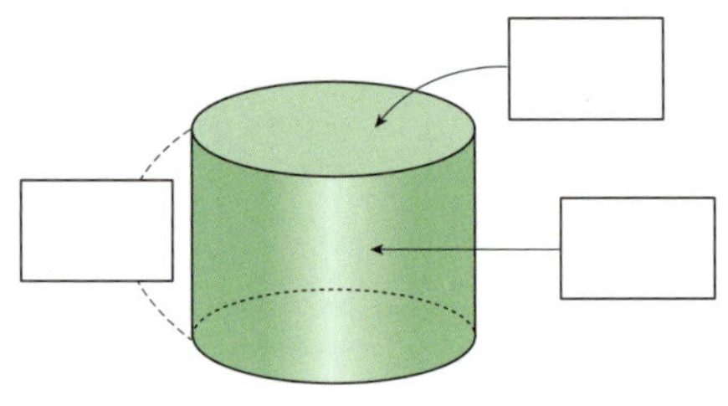

5 원기둥의 밑면에 모두 색칠하시오.

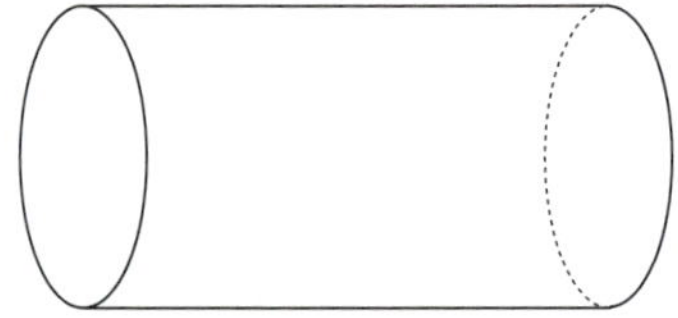

원기둥에서 높이는 몇 cm인지 쓰시오. [6~7]

6

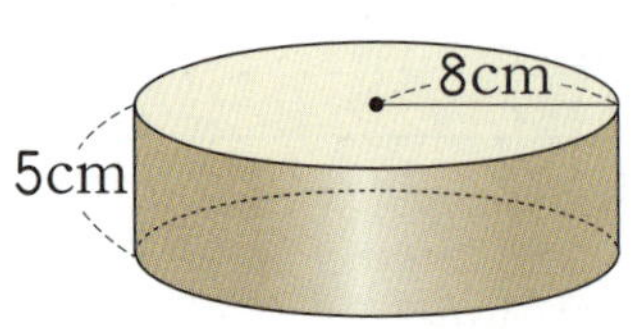

[답]

7

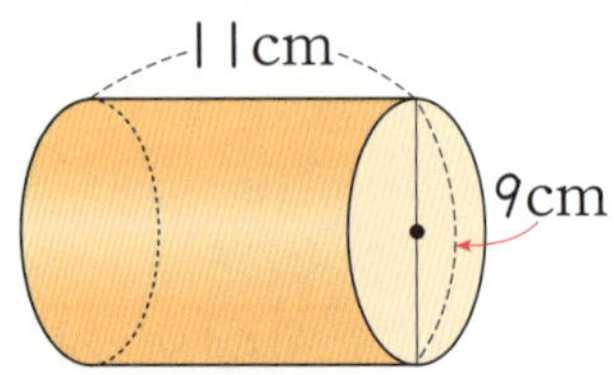

[답]

이름 :

날짜 :

시간 : 시 분 ~ 시 분

확인

◆ 원기둥(3) ◆

1 원기둥에 대해 바르게 설명한 것을 모두 찾아 기호를 쓰시오.

㉠ 원기둥의 두 밑면은 서로 합동입니다.
㉡ 원기둥의 두 밑면은 서로 평행합니다.
㉢ 원기둥의 옆면은 평면으로 둘러싸여 있습니다.
㉣ 원기둥의 옆면은 굽은 면으로 둘러싸여 있습니다.

[답]

2 원기둥을 위와 앞에서 본 모양을 각각 그려 보시오.

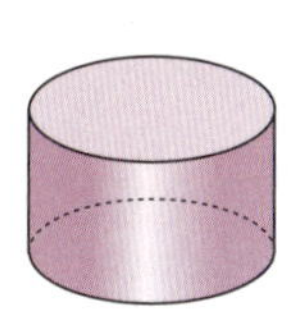

위	앞

3 두 입체도형을 비교하여 빈칸에 알맞은 수나 말을 써넣으시오.

입체도형	밑면의 모양	밑면의 수(개)	옆면의 수(개)

4 각기둥에는 있지만 원기둥에는 없는 것을 모두 찾아 기호를 쓰시오.

㉠ 각　　㉡ 면　　㉢ 높이　　㉣ 꼭짓점

[답]

원기둥과 각기둥을 보고 물음에 답하시오. [5~6]

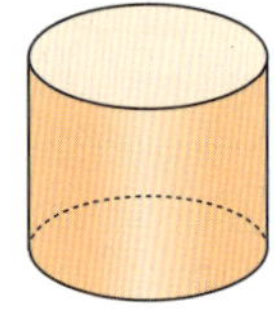 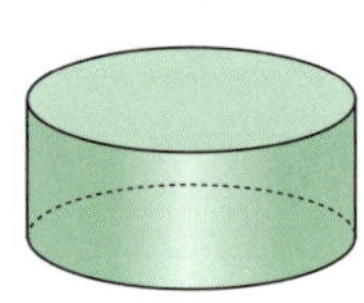 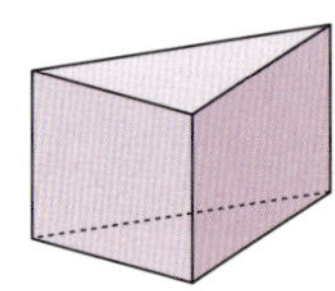 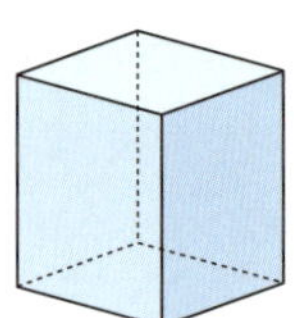

5 원기둥과 각기둥의 같은 점을 2가지 쓰시오.

[같은 점1]

[같은 점2]

6 원기둥과 각기둥의 다른 점을 2가지 쓰시오.

[다른 점1]

[다른 점2]

이름 :
날짜 :
시간 : 시 분 ~ 시 분

◆ 원기둥의 전개도(1) ◆

원기둥을 펼쳐 놓은 그림을 원기둥의 전개도라고 합니다.

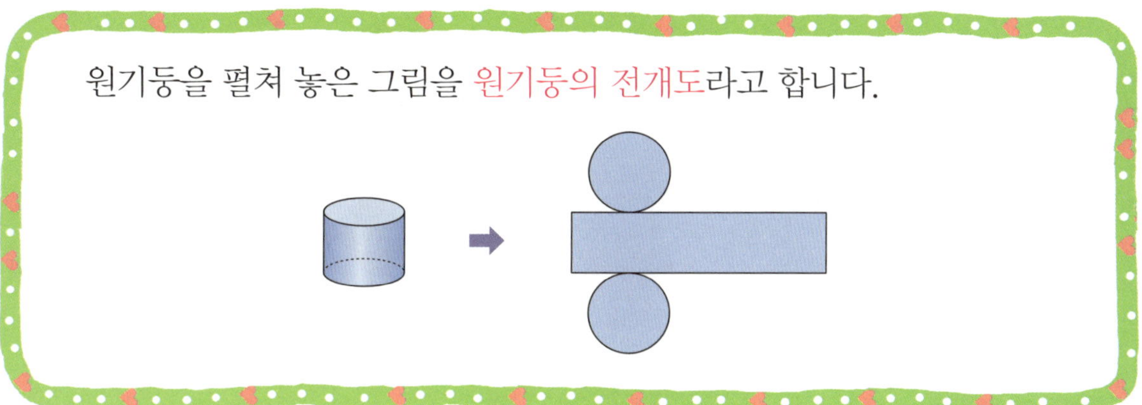

원기둥을 다음과 같이 잘라서 펼쳐 보았습니다. 물음에 답하시오. [1~3]

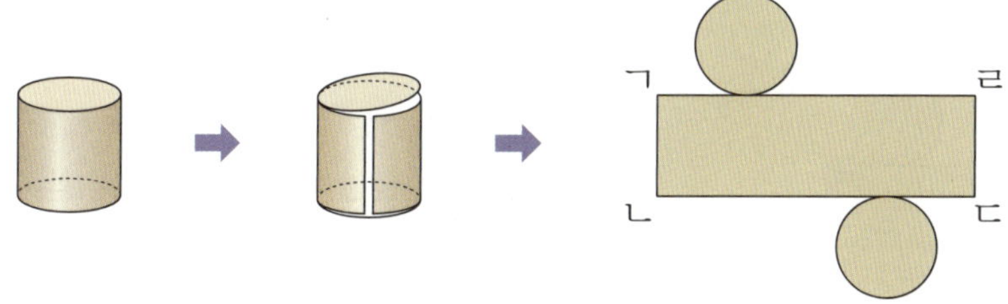

1 원기둥을 펼쳐 놓은 그림을 무엇이라고 합니까?

[답]

2 선분 ㄱㄹ의 길이는 원기둥의 무엇의 길이와 같습니까?

[답]

3 선분 ㄱㄴ의 길이는 원기둥의 무엇의 길이와 같습니까?

[답]

4 각 부분의 이름을 □ 안에 써넣으시오.

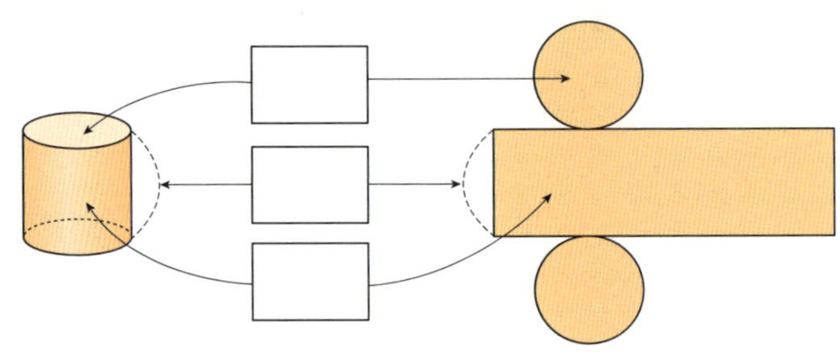

원기둥의 전개도를 찾아 ○표 하시오. [5~6]

5

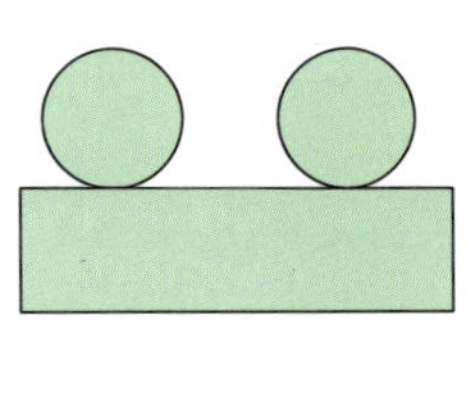

(　　　)

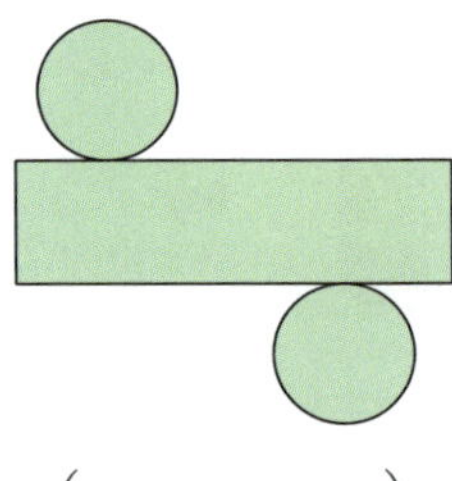

(　　　)

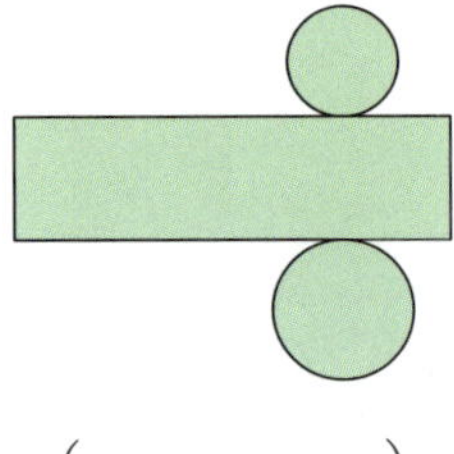

(　　　)

6

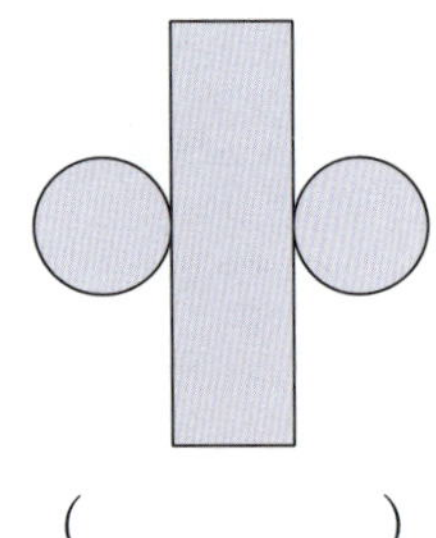

(　　　)

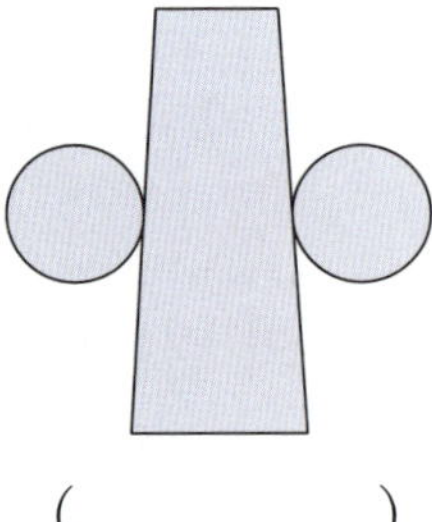

(　　　)

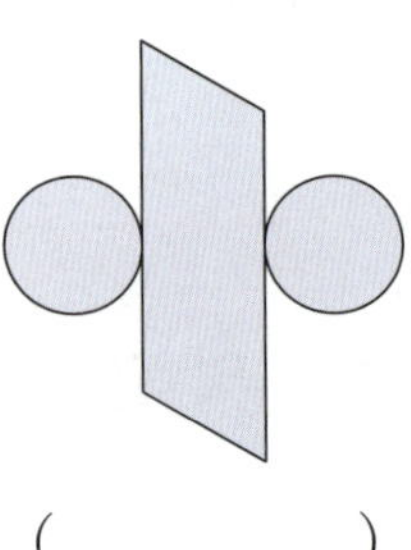

(　　　)

이름 :
날짜 :
시간 : 시 분 ~ 시 분

◆ 원기둥의 전개도(2) ◆

1 원기둥의 전개도가 아닌 이유를 쓰시오.

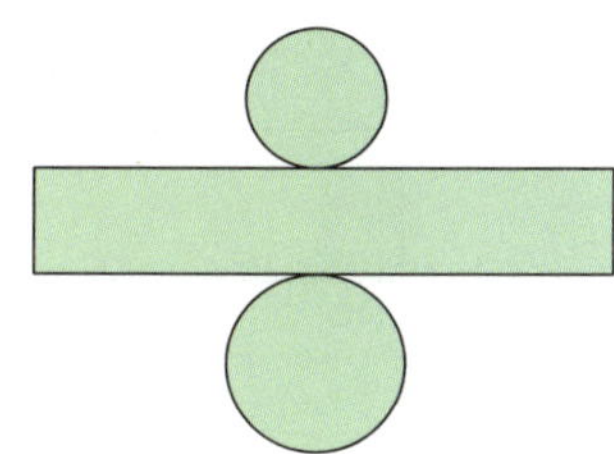

[답]

원기둥과 원기둥의 전개도를 보고 물음에 답하시오. [2~3]

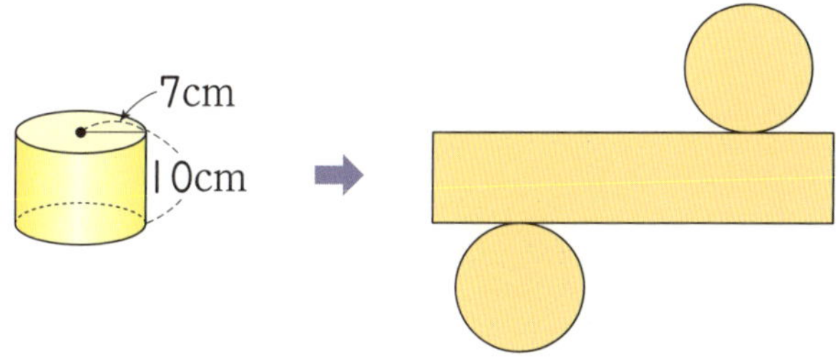

2 원기둥의 전개도에서 옆면의 가로는 몇 cm입니까?

[답]

3 원기둥의 전개도에서 옆면의 세로는 몇 cm입니까?

[답]

4 원기둥의 전개도가 되도록 나머지 부분을 완성하시오.

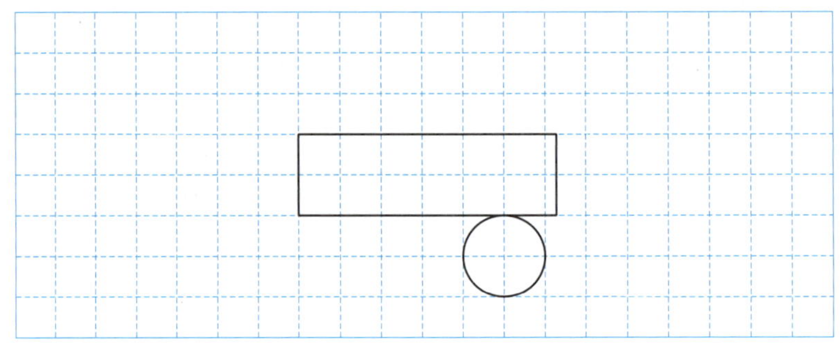

5 원기둥의 전개도입니다. □ 안에 알맞은 수를 써넣으시오.

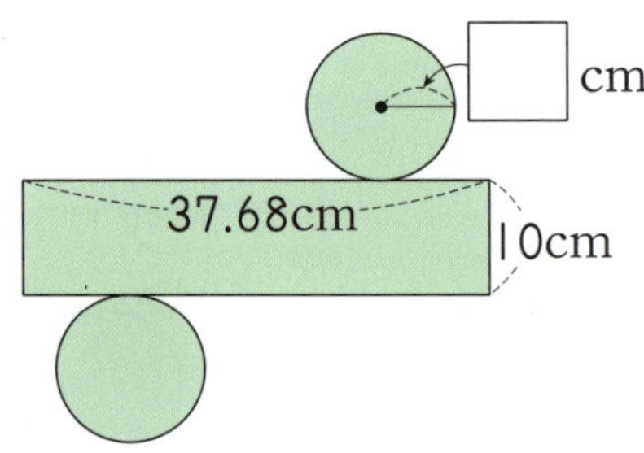

6 한 밑면의 넓이가 78.5cm^{2}이고, 높이가 7cm인 원기둥의 전개도에서 옆면의 넓이는 몇 cm^{2}입니까?

[답]

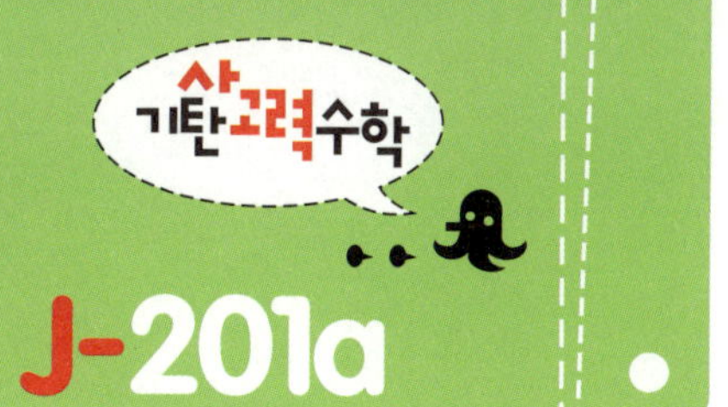

이름 :

날짜 :

시간 : 시 분 ~ 시 분

◆ 원뿔(1) ◆

밑면이 원이고 옆면이 굽은 면인 뿔 모양의 입체도형을 원뿔이라고 합니다.

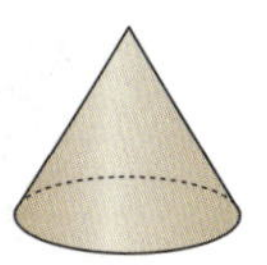

입체도형을 보고 물음에 답하시오. [1~3]

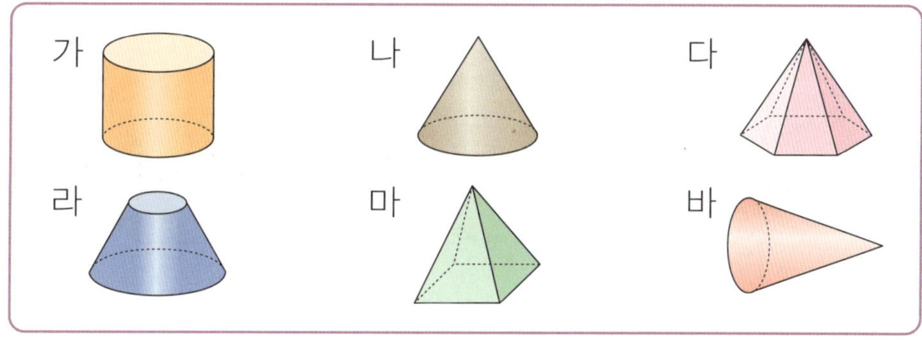

1 뿔 모양의 입체도형을 모두 찾아 쓰시오.

[답]

2 뿔 모양의 입체도형 중에서 밑면의 모양이 원인 입체도형을 모두 찾아 쓰시오.

[답]

3 원뿔을 모두 찾아 쓰시오.

[답]

원뿔을 찾아 ○표 하시오. [4~5]

4

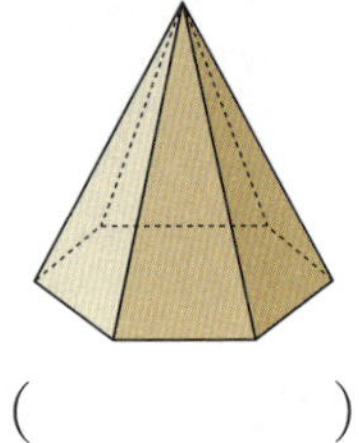
( )

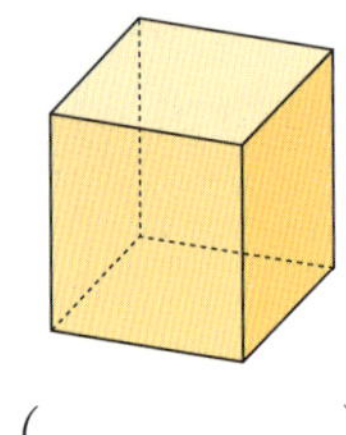
( )

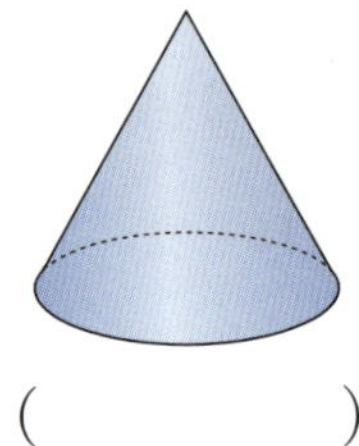
( )

5

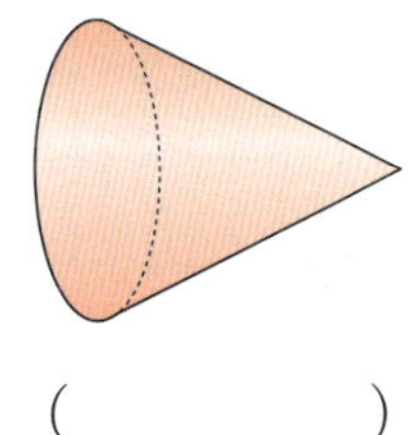
( )

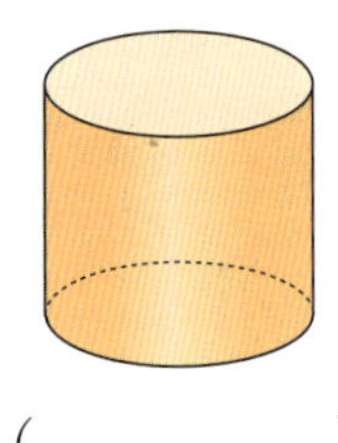
( )

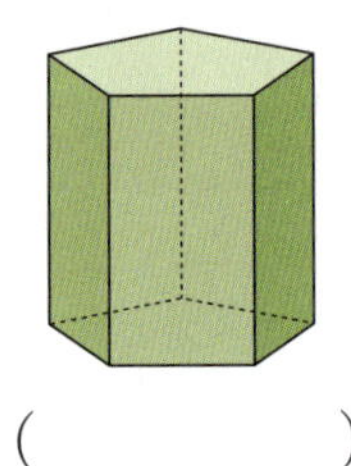
( )

6 다음 도형이 원뿔이 아닌 이유를 쓰시오.

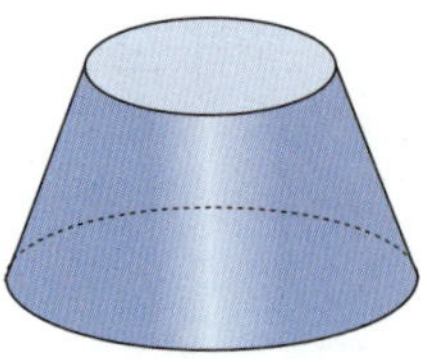

[답]

- 이름 :
- 날짜 :
- 시간 : 시 분 ~ 시 분

◆ 원뿔(2) ◆

원뿔에서 뿔의 반대쪽에 있는 면을 밑면, 옆을 둘러싼 면을 옆면, 뾰족한 점을 원뿔의 꼭짓점이라 하고, 원뿔의 꼭짓점과 밑면인 원 둘레의 한 점을 이은 선분을 모선이라고 합니다. 원뿔의 꼭짓점에서 밑면에 수직인 선분의 길이를 원뿔의 높이라고 합니다.

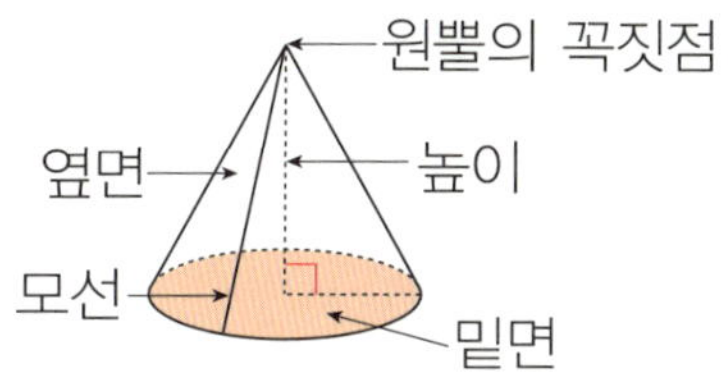

1 각 부분의 이름을 □ 안에 써넣으시오.

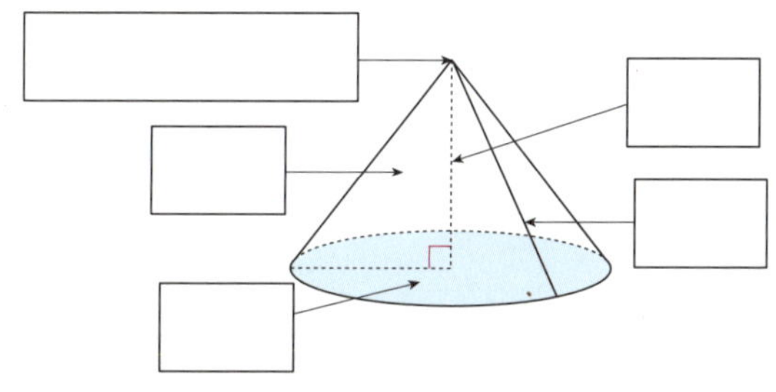

원뿔의 무엇의 길이를 재는 것인지 쓰시오. [2~3]

2

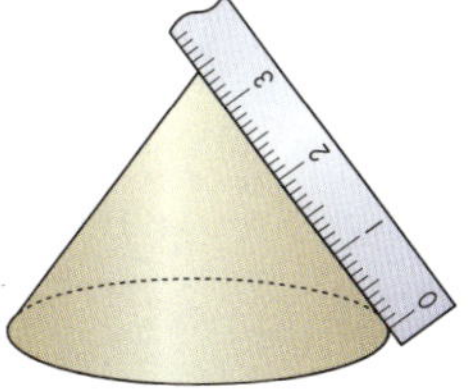

[답]

3

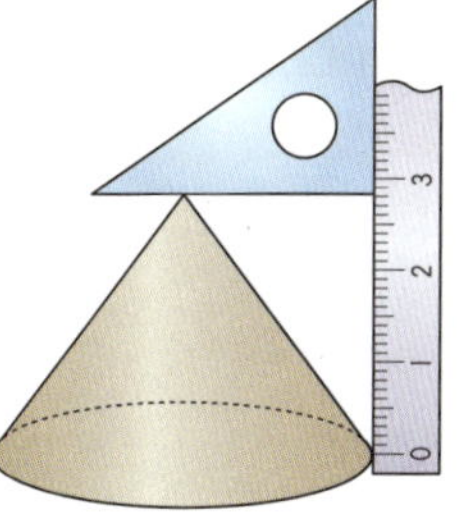

[답]

4 원뿔의 밑면에 색칠하시오.

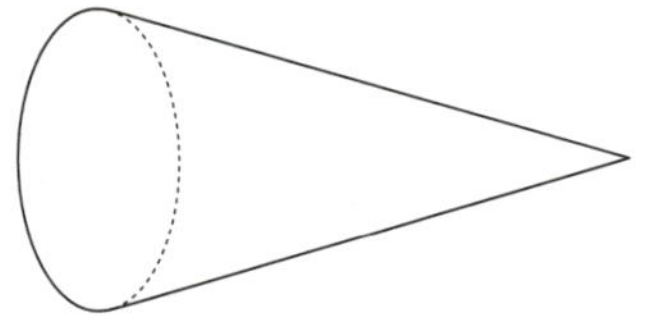

5 원뿔에서 높이와 모선은 각각 몇 cm입니까?

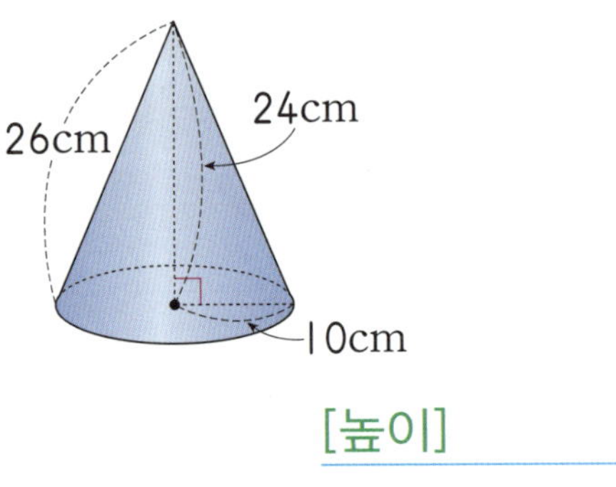

[높이]

[모선]

6 삼각형 ㄱㄴㄷ의 둘레를 구하시오.

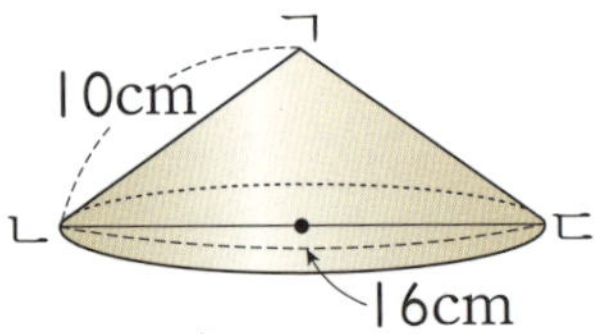

[답]

이름 :
날짜 :
시간 : 시 분 ~ 시 분

◆ 원뿔(3) ◆

1 원뿔에 대해 잘못 설명한 것을 찾아 기호를 쓰시오.

㉠ 원뿔의 밑면은 1개입니다.
㉡ 원뿔의 밑면의 모양은 원입니다.
㉢ 원뿔의 옆면의 모양은 굽은 면입니다.
㉣ 원뿔의 모선의 길이는 모두 다릅니다.

[답]

2 여러 가지 입체도형을 비교하여 빈칸에 알맞은 수나 말을 써넣으시오.

입체도형	밑면의 모양	밑면의 수(개)	옆면의 수(개)
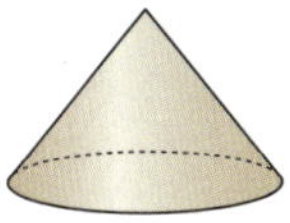 (원뿔)			
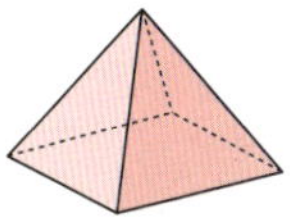 (사각뿔)			
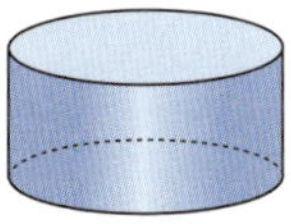 (원기둥)			

3 두 입체도형의 높이의 차를 구하시오.

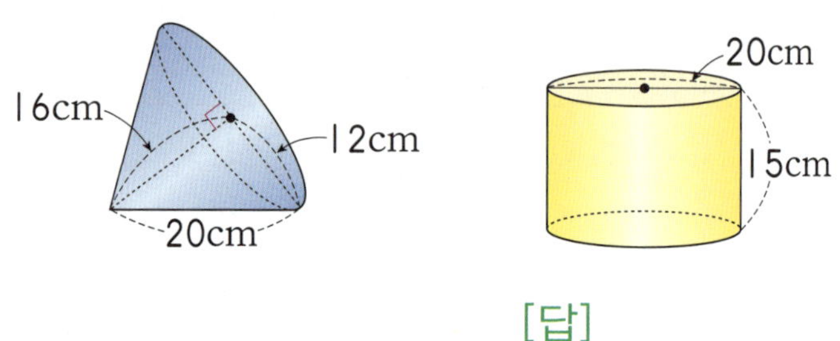

[답]

4 원뿔과 각뿔의 같은 점과 다른 점을 각각 쓰시오.

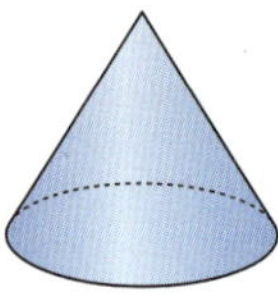

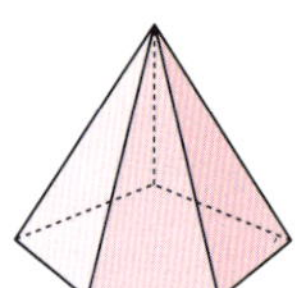

[같은 점]

[다른 점]

5 원뿔과 원기둥의 같은 점과 다른 점을 각각 쓰시오.

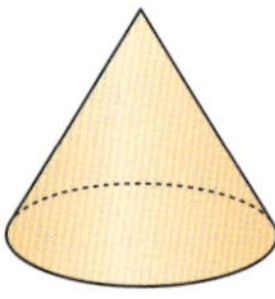

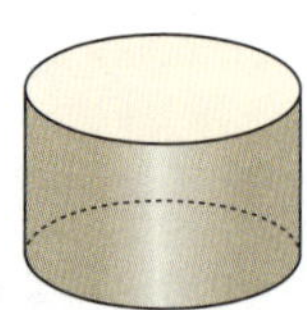

[같은 점]

[다른 점]

이름 :
날짜 :
시간 : 시 분 ~ 시 분

◆ 회전체(1) ◆

• 평면도형을 한 직선을 축으로 하여 한 번 돌려 얻는 입체도형을 회전체라고 합니다. 이때 축으로 사용한 직선을 회전축이라고 합니다.

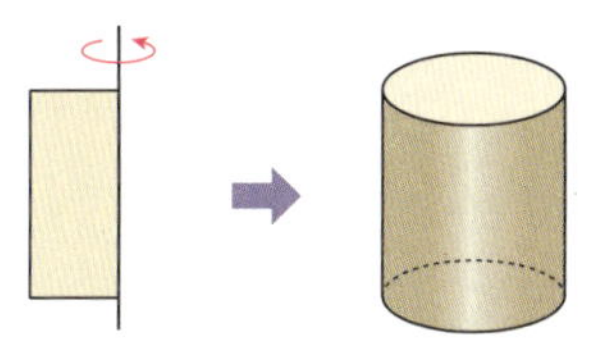

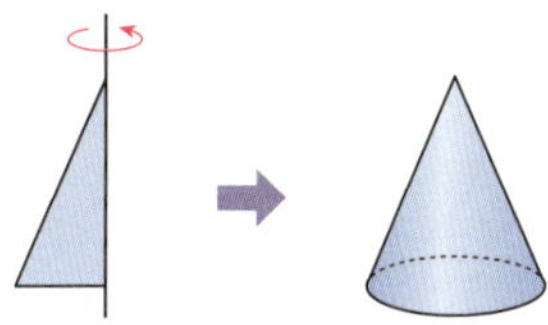

• 반원의 지름을 회전축으로 하여 한 번 돌려 얻는 회전체를 구라고 합니다. 이때 반원의 중심은 구의 중심이 되고, 반원의 반지름은 구의 반지름이 됩니다.

1 다음 중 회전체인 물건을 모두 찾아 쓰시오.

[답]

2 회전체를 찾아 ○표 하시오.

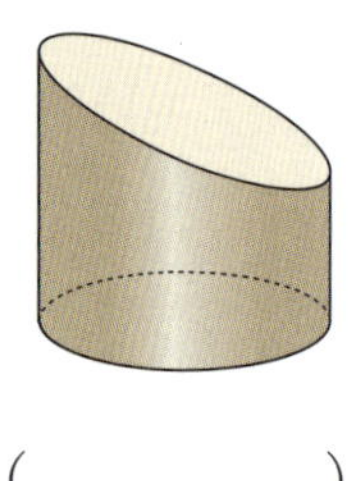
( )

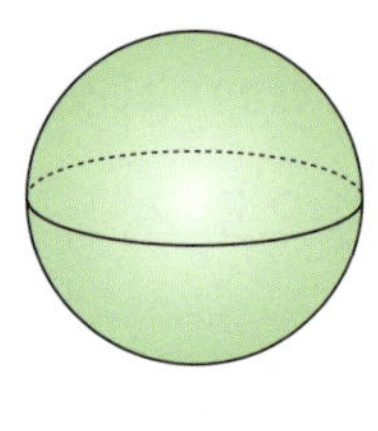
( )

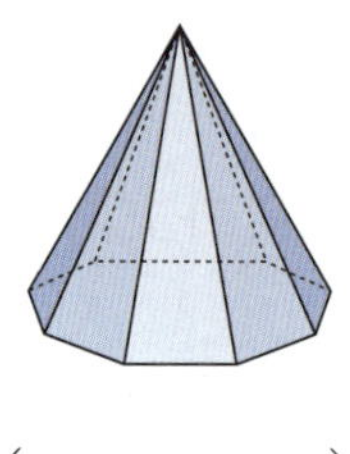
( )

3 회전체의 회전축을 찾아 기호를 쓰시오.

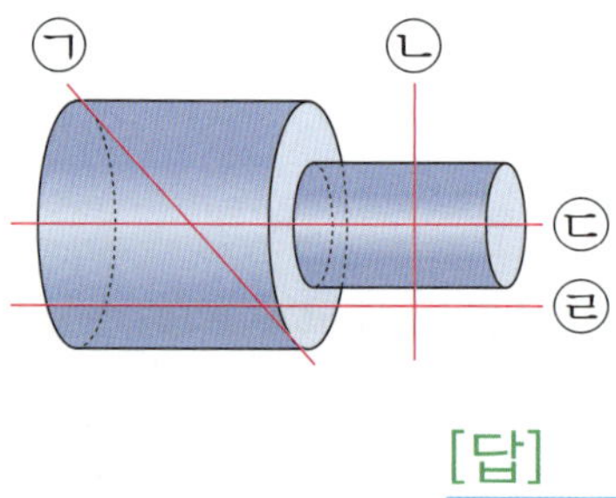

[답]

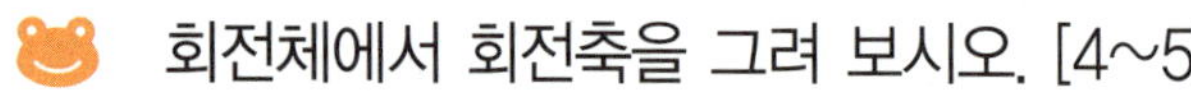
회전체에서 회전축을 그려 보시오. [4~5]

4

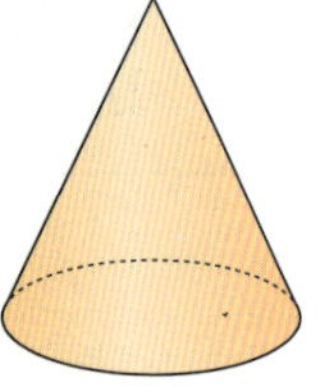

5

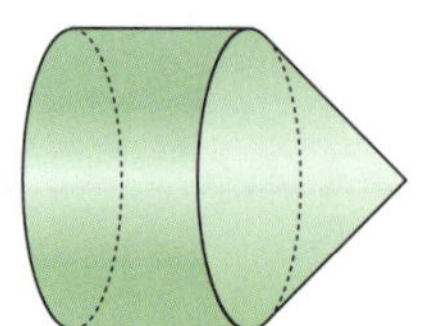

이름 :

날짜 :

시간 : 시 분 ~ 시 분

확인

◆ 회전체(2) ◆

왼쪽 평면도형을 회전축을 중심으로 한 번 돌려 얻는 회전체를 찾아 ○표 하시오. [1~3]

1

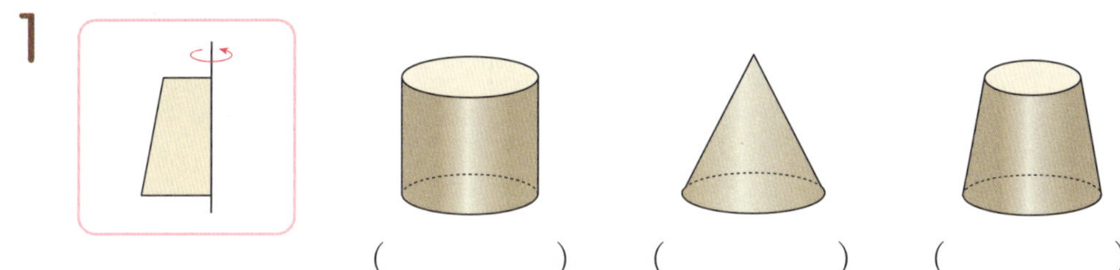

( ) ( ) ( )

2

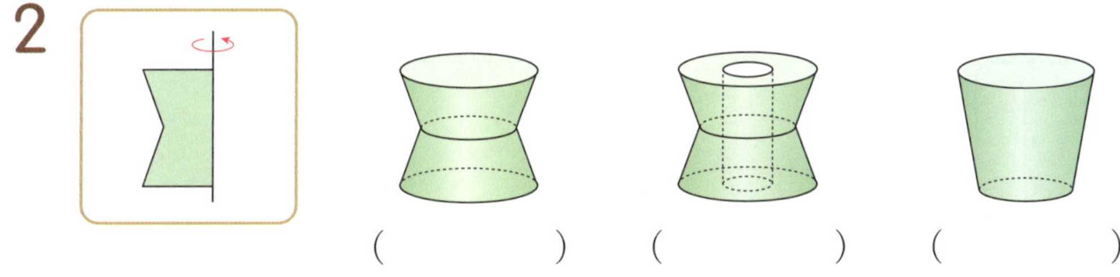

( ) ( ) ( )

3

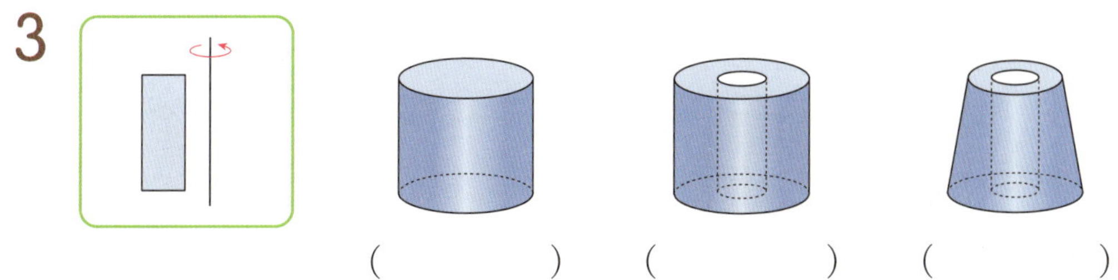

( ) ( ) ( )

평면도형을 회전축을 중심으로 하여 한 번 돌려 얻는 입체도형을 그려 보시오. [4~5]

4

5

회전체는 어떤 도형을 회전축을 중심으로 하여 한 번 돌려 얻은 것입니다. 돌린 평면도형을 그려 보시오. [6~9]

6

7

8

9

◆ 이름 :
◆ 날짜 :
◆ 시간 : 시 분 ~ 시 분

◆ 회전체의 단면(1) ◆

입체도형을 평면으로 자를 때 생기는 도형의 면을 단면이라고 합니다.

회전체를 회전축을 품은 평면으로 자른 단면을 찾아 ○표 하시오. [1~2]

1

( ) ( ) ( )

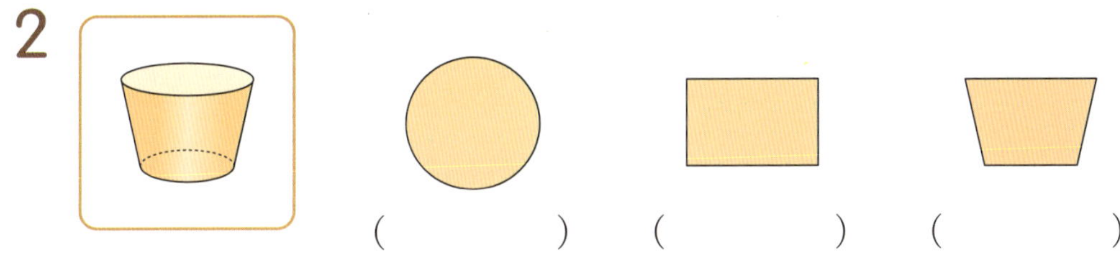

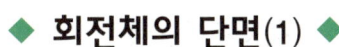

2

( ) ( ) ( )

회전체를 회전축을 품은 평면으로 자른 단면을 그려 보시오. [3~4]

3

4

회전체를 회전축에 수직인 평면으로 자른 단면을 찾아 ○표 하시오. [5~6]

5

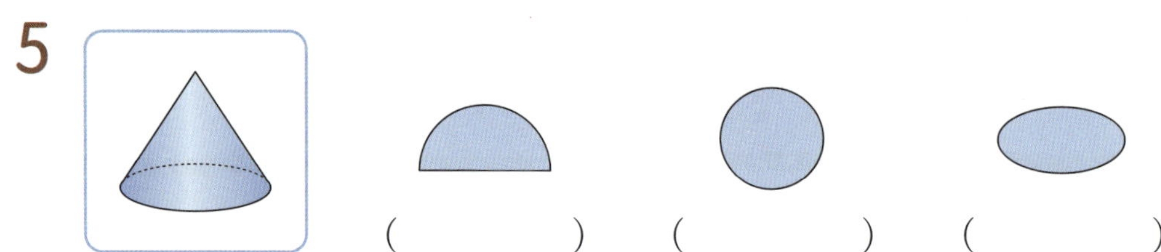

( ) ( ) ( )

6

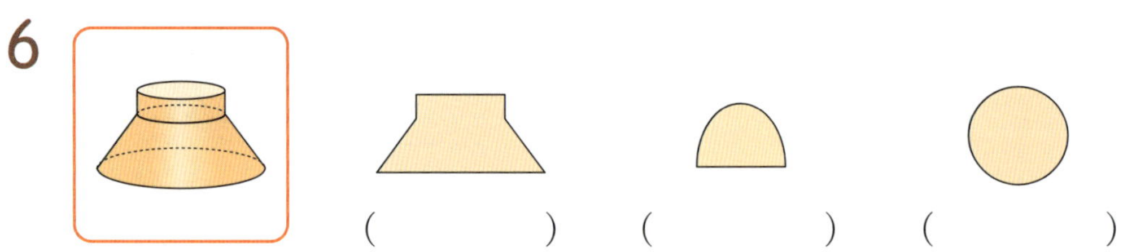

( ) ( ) ( )

회전체를 회전축에 수직인 평면으로 자른 단면을 그려 보시오. [7~8]

7 8

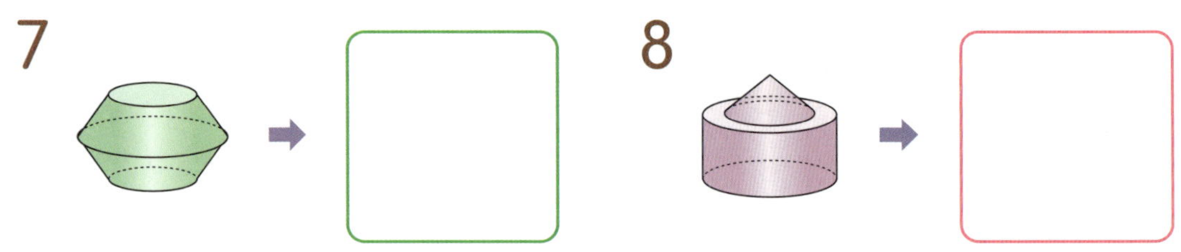

9 □ 안에 알맞은 말을 써넣으시오.

속이 비어 있지 않은 회전체를 회전축에 수직인 평면으로 자른 단면은 항상 □ 입니다.

이름 :	
날짜 :	
시간 : 시 분 ~ 시 분	

◆ 회전체의 단면(2) ◆

회전체를 평면으로 여러 방향에서 자른 단면을 그려 보시오. [1~3]

1

자르는 방향			
단면			

2

자르는 방향			
단면			

3

자르는 방향			
단면			

4 평면으로 잘랐을 때 단면의 모양이 다른 것을 찾아 기호를 쓰시오.

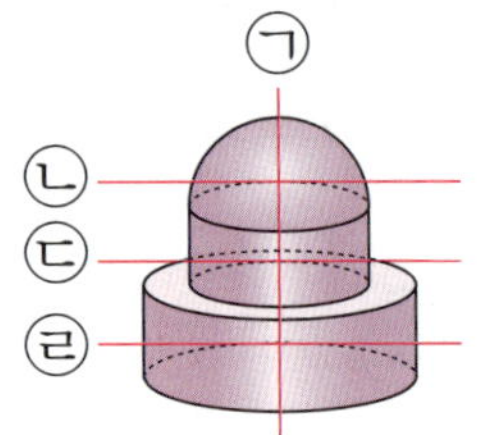

[답]

5 왼쪽과 같은 단면이 나오기 위해서는 어떤 방향으로 잘라야 하는지 기호를 쓰시오.

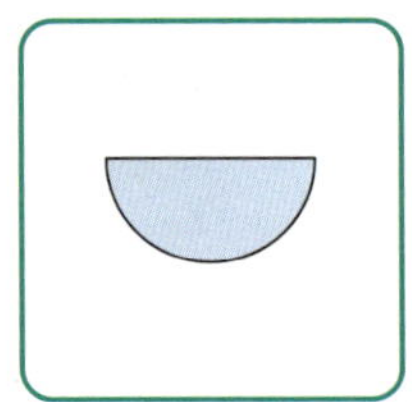

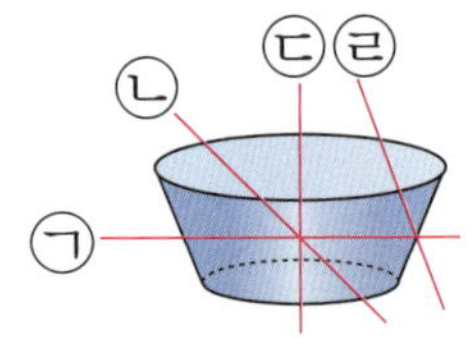

[답]

6 회전체를 회전축을 품은 평면으로 잘랐을 때의 단면의 넓이를 구하시오.

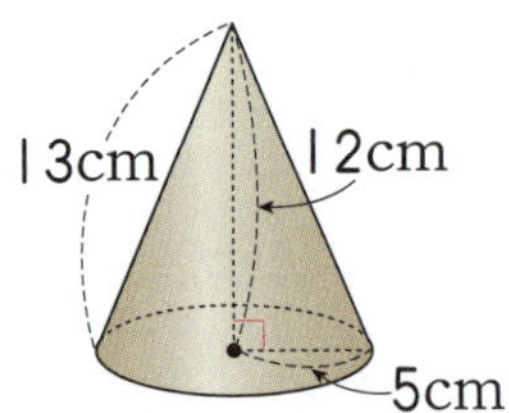

[답]

● 이름 :
● 날짜 :
● 시간 : 시 분 ~ 시 분

창의력 학습

4명의 나무꾼이 똑같은 모양의 나무 도막을 각각 다른 방법으로 잘랐습니다. 잘라진 나무 도막의 단면을 찾아 선으로 이어 보시오.

혜란이와 친구들은 각자 가진 평면도형을 회전축을 중심으로 한 번 돌려 만들어진 회전체를 합쳐서 다음과 같은 입체도형을 만들려고 합니다. 입체도형을 만드는 데 필요 없는 평면도형을 들고 있는 사람을 모두 찾아 쓰시오.

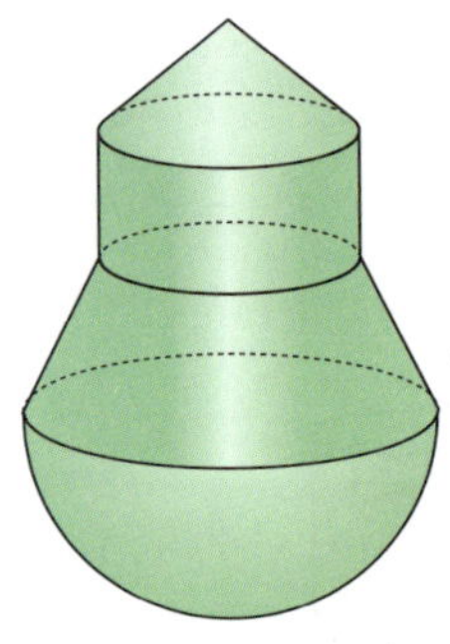

[답]

◆ 이름 :
◆ 날짜 :
◆ 시간 : 시 분 ~ 시 분

확인

경시대회 예상문제

1 회전체 중에서 어느 방향으로 잘라도 단면의 모양이 항상 똑같은 것을 찾아 기호를 쓰시오.

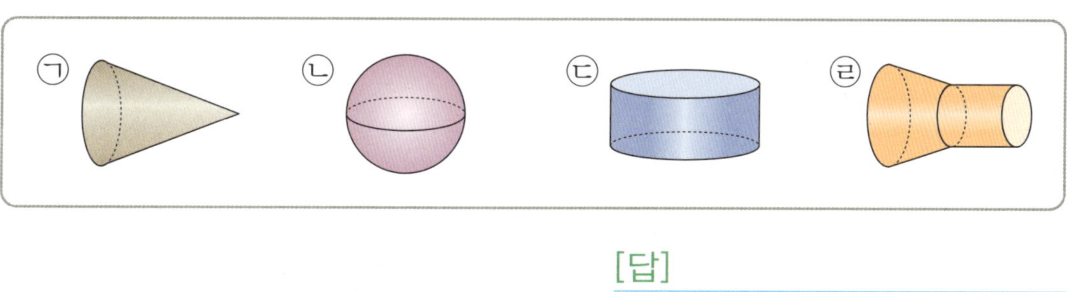

[답]

서술형·논술형

2 다음과 같은 원기둥 모양의 롤러에 페인트를 묻혀서 한 바퀴 굴렸을 때, 페인트가 칠해진 면의 넓이는 몇 cm^2인지 풀이 과정을 쓰고 답을 구하시오.

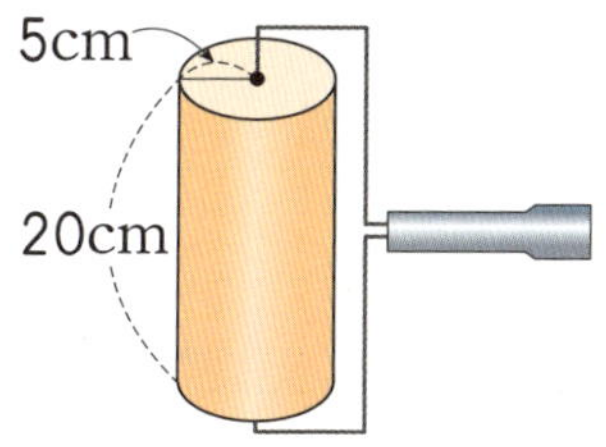

[답]

3 평면도형을 회전축을 중심으로 하여 한 번 돌려 얻는 입체도형을 찾아 선으로 이으시오.

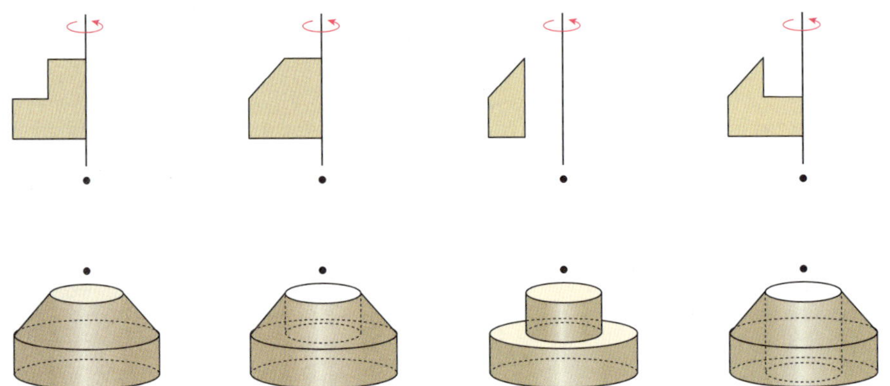

회전체는 어떤 도형을 회전축을 중심으로 하여 한 번 돌려 얻은 것입니다. 돌린 평면도형을 그려 보시오. [4~5]

4 5

6 회전체를 회전축을 품은 평면으로 자른 단면을 그려 보시오.

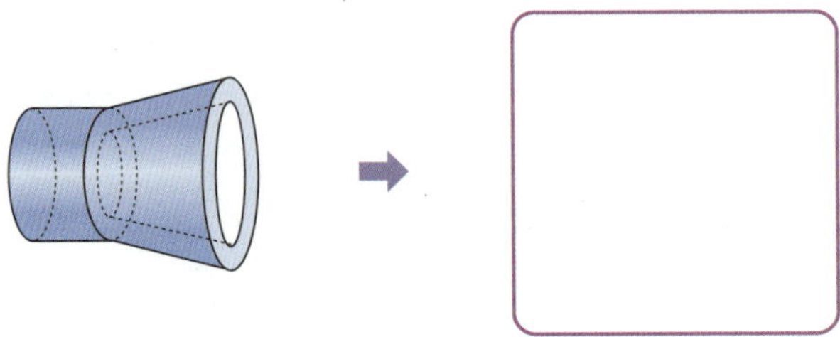

7 회전체를 평면으로 다음과 같은 방향에서 자른 단면을 그려 보시오.

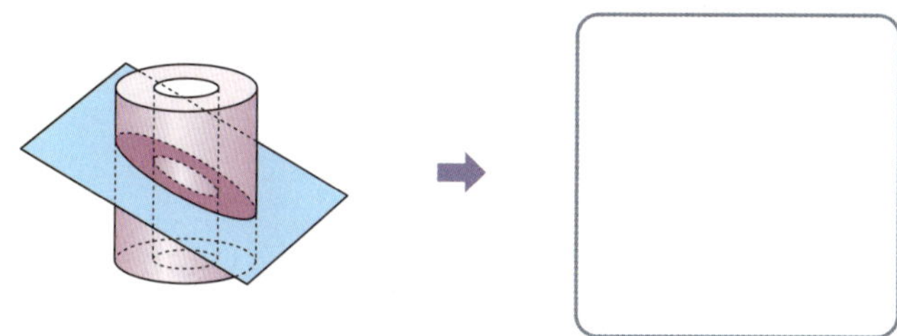

8 원뿔을 평면으로 잘랐을 때 나올 수 있는 단면을 모두 찾아 기호를 쓰시오.

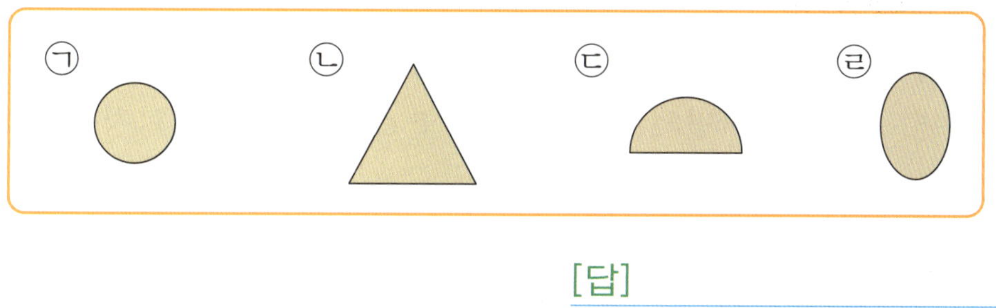

[답]

9 오른쪽 평면도형을 회전축을 중심으로 하여 한 번 돌려 얻는 입체도형을 평면으로 잘랐을 때 가장 큰 단면의 넓이를 구하시오.

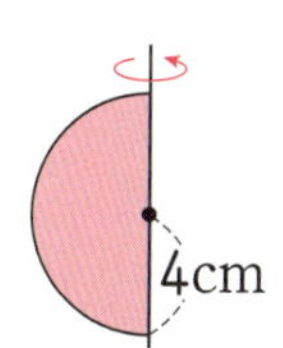

[답]

10 다음 평면도형을 회전축을 중심으로 한 번 돌렸을 때 얻는 회전체를 회전축을 품은 평면으로 잘랐을 때의 단면의 넓이를 구하시오.

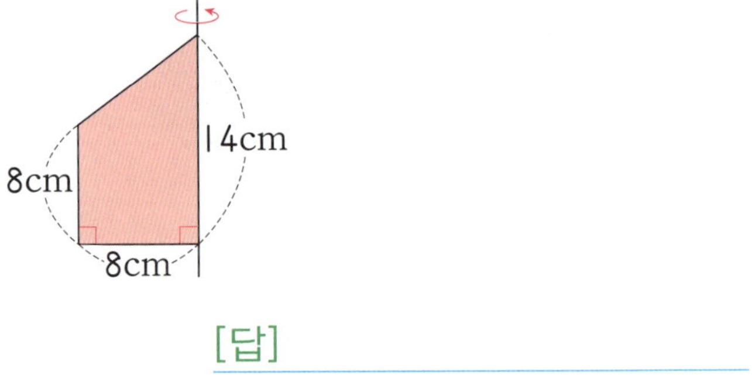

[답]

서술형·논술형

11 다음 원기둥을 회전축을 품은 평면으로 자른 단면의 넓이와 회전축에 수직인 평면으로 자른 단면의 넓이의 차는 몇 cm^2인지 풀이 과정을 쓰고 답을 구하시오.

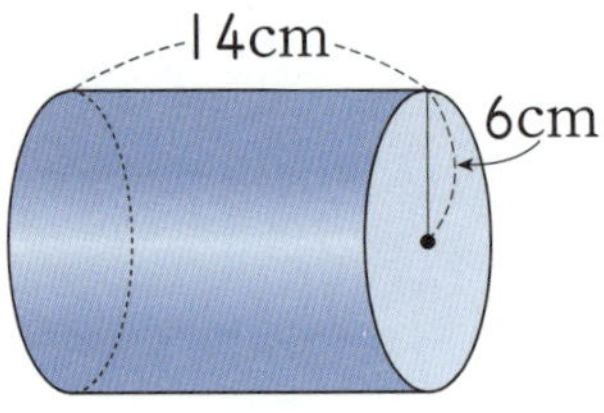

[답]

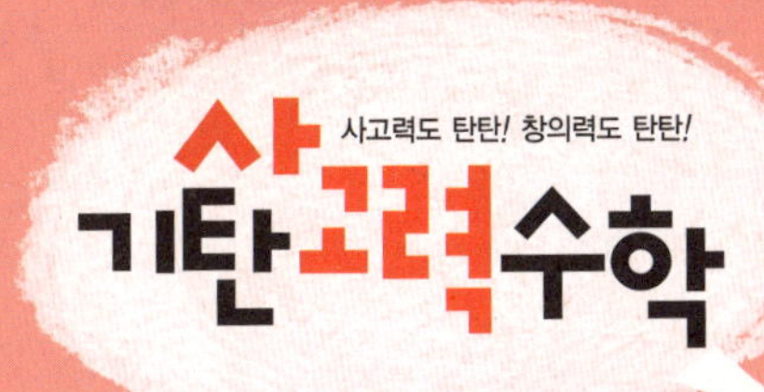
사고력도 탄탄! 창의력도 탄탄!
기탄사고력수학

J4

J211a ~ J225b

학습 관리표

학습 내용		이번 주는?
직육면체의 겉넓이와 부피	· 직육면체와 정육면체의 겉넓이 · 부피의 비교 · 부피의 단위 · 직육면체의 부피 · 정육면체의 부피 · 부피의 큰 단위 · 부피와 들이 사이의 관계 · 창의력 학습 · 경시대회 예상문제	• 학습 방법 : ① 매일매일 ② 가끔 ③ 한꺼번에 하였습니다. • 학습 태도 : ① 스스로 잘 ② 시켜서 억지로 하였습니다. • 학습 흥미 : ① 재미있게 ② 싫증내며 하였습니다. • 교재 내용 : ① 적합하다고 ② 어렵다고 ③ 쉽다고 하였습니다.

지도 교사가 부모님께	부모님이 지도 교사께

평가	Ⓐ 아주 잘함	Ⓑ 잘함	Ⓒ 보통	Ⓓ 부족함

원(교)　　　반　이름　　　　전화

기초부터 탄탄하게
기탄교육
www.gitan.co.kr / (02)586-1007(대)

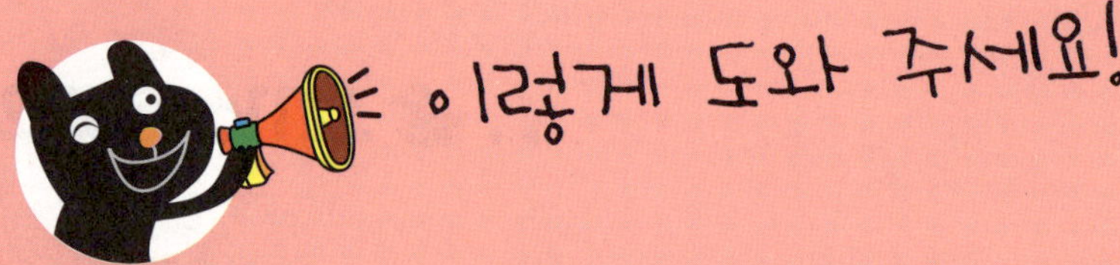

● 학습 목표

- 직육면체와 정육면체의 겉넓이를 구하는 방법을 이해하고, 이를 구할 수 있습니다.
- 부피를 비교하고, 부피의 단위인 $1cm^3$를 이해할 수 있습니다.
- 직육면체와 정육면체의 부피를 구하는 방법을 이해하고, 이를 구할 수 있습니다.
- 부피의 큰 단위인 $1m^3$를 이해하고, cm^3와 m^3 단위 사이의 관계를 이해할 수 있습니다.
- 부피와 들이 단위 사이의 관계를 이해할 수 있습니다.

● 지도 내용

- 직육면체와 정육면체의 겉넓이를 이해하고, 이를 구해 보게 합니다.
- 부피가 다른 물건을 비교하게 합니다.
- 부피의 단위로서 $1cm^3$인 정육면체를 알게 합니다.
- 직육면체와 정육면체의 부피를 이해하고 이를 구해 보게 합니다.
- 부피의 큰 단위로서 $1m^3$인 정육면체를 알게 합니다.
- cm^3와 m^3의 관계를 이해하게 합니다.
- 부피와 들이 단위 사이의 관계를 이해하게 합니다.

● 지도 요점

직육면체의 겉넓이의 의미를 이해하고, 직육면체의 한 밑면의 넓이, 옆넓이를 이용하여 겉넓이를 구할 수 있도록 합니다. 부피에 대한 학습은 처음이므로 직육면체의 크기를 직접 비교하여 보고, 간접 비교가 필요한 상황을 제시하여 임의 단위의 필요성을 느끼게 합니다. 직육면체의 크기를 임의 단위의 몇 배로 나타낼 수 있게 하며, 임의 단위의 불편함을 느끼게 하여 보편 단위의 $1cm^3$를 도입합니다. 직육면체의 부피를 구하는 것은 단위 부피인 정육면체의 개수를 세는 것을 의미하며, 그 과정에서 (가로)×(세로)×(높이)로 부피를 구할 수 있도록 하고, 이를 발전시켜 일반적으로 부피는 (한 밑면의 넓이)×(높이)로 구할 수 있도록 합니다. $1cm^3$를 바탕으로 $1m^3$를 이해하며 그 관계를 알게 합니다. cm^3와 mL의 관계를 알고, 이를 통해 부피와 들이 단위 사이의 관계를 이해하게 합니다.

● 이름 :
● 날짜 :
● 시간 : 시 분 ~ 시 분

◆ 직육면체와 정육면체의 겉넓이(1) ◆

직육면체에서 여섯 면의 넓이의 합을 직육면체의 겉넓이라고 합니다.

1 직육면체의 전개도를 보고 직육면체의 겉넓이를 여러 가지 방법으로 구하려고 합니다. □ 안에 알맞은 수를 써넣으시오.

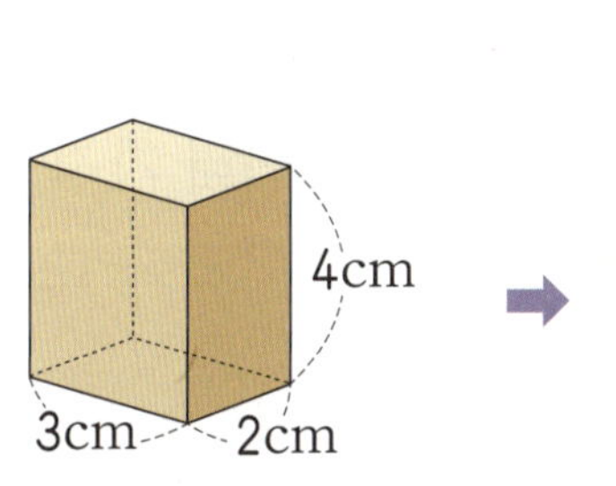

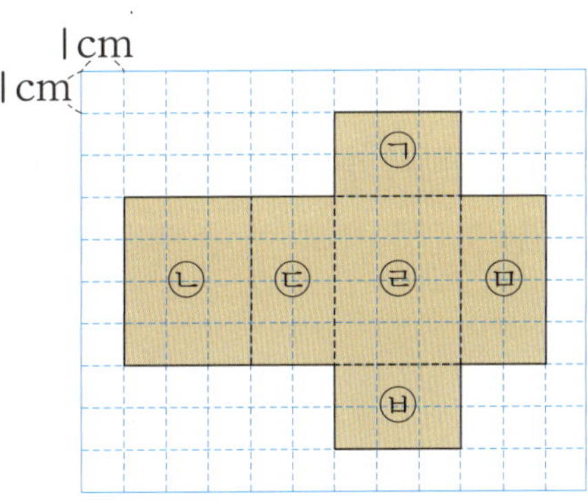

(1) (여섯 면의 넓이의 합)=㉠+㉡+㉢+㉣+㉤+㉥

=□+□+□+□+□+□

=□(cm^2)

(2) (합동인 세 면의 넓이의 합)×2=(㉠+㉡+㉢)×2

=(□+□+□)×2=□(cm^2)

(3) (한 밑면의 넓이)×2+(옆넓이)=㉠×2+(㉡+㉢+㉣+㉤)

=(□×2)×2+(□+2+□+2)×4

=□(cm^2)

2 색칠된 면이 밑면일 때, 직육면체의 겉넓이를 구하려고 합니다. □ 안에 알맞은 수를 써넣으시오.

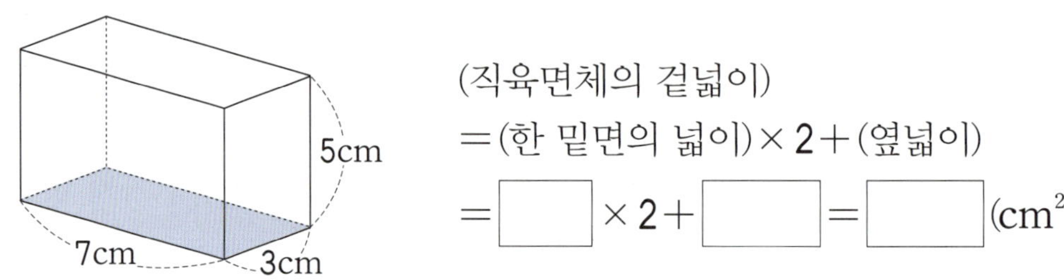

(직육면체의 겉넓이)

=(한 밑면의 넓이)×2+(옆넓이)

=□×2+□=□(cm^2)

3 정육면체의 전개도를 보고 정육면체의 겉넓이를 여러 가지 방법으로 구하려고 합니다. □ 안에 알맞은 수를 써넣으시오.

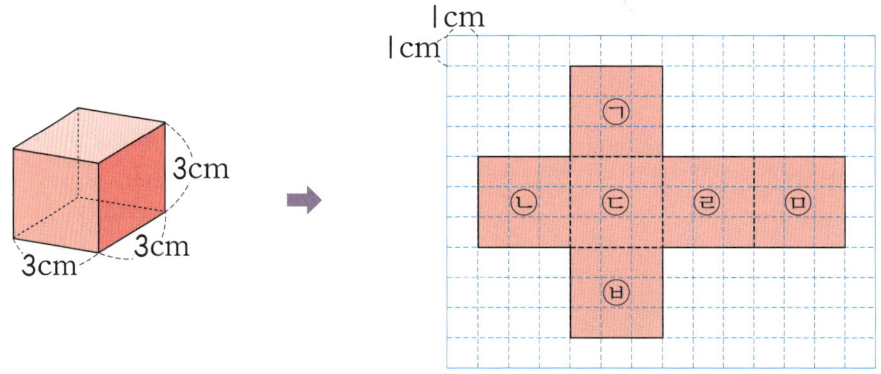

(1) (여섯 면의 넓이의 합)=㉠+㉡+㉢+㉣+㉤+㉥

=□+□+□+□+□+□

=□(cm^2)

(2) (한 면의 넓이)×6=㉠×6

=□×6=□(cm^2)

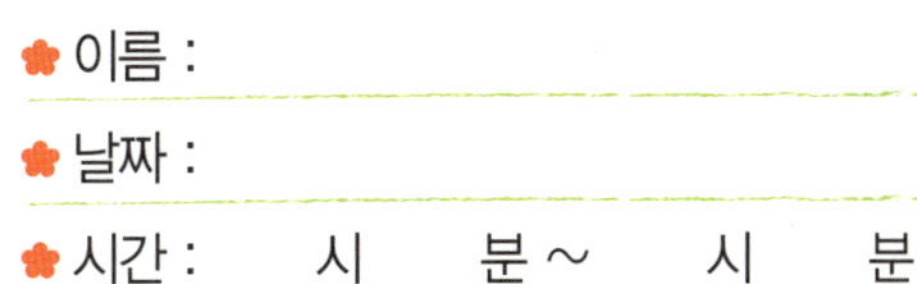

◆ 직육면체와 정육면체의 겉넓이(2) ◆

직육면체의 겉넓이를 구하시오. [1~4]

1

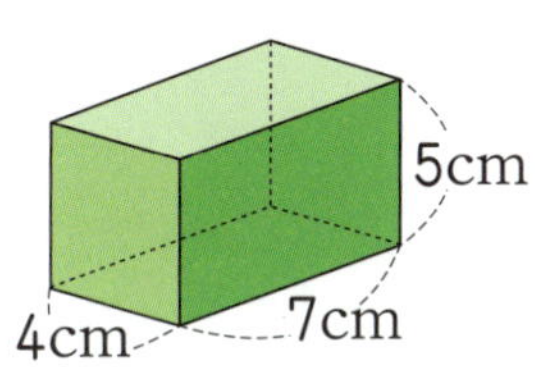

[답]

2

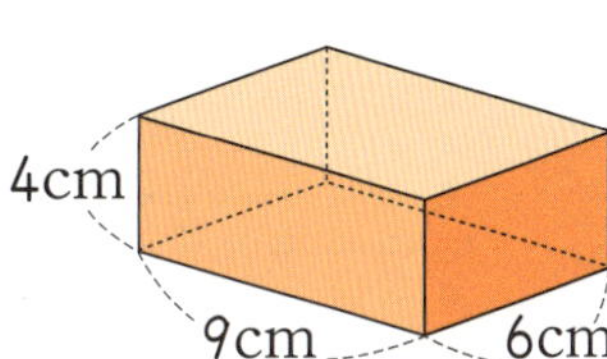

[답]

3

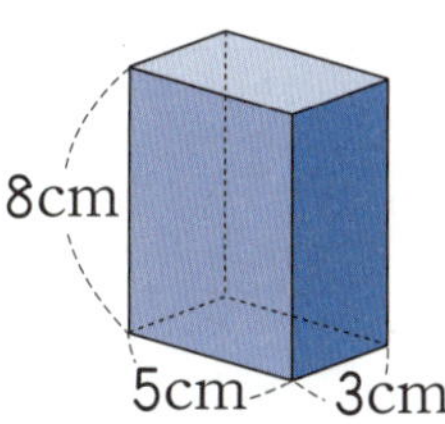

[답]

4

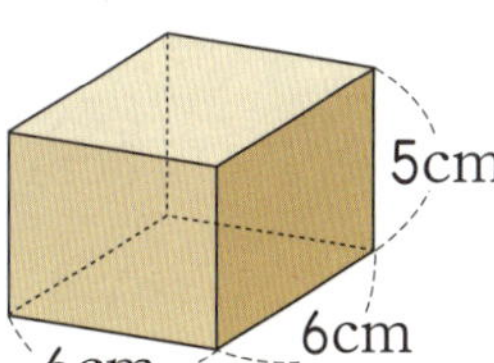

[답]

정육면체의 겉넓이를 구하시오. [5~6]

5

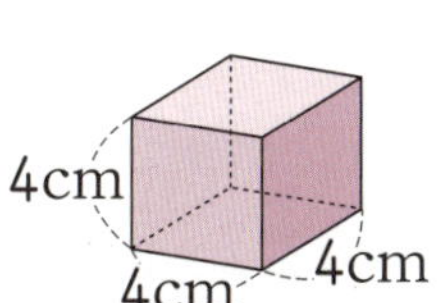

[답]

6

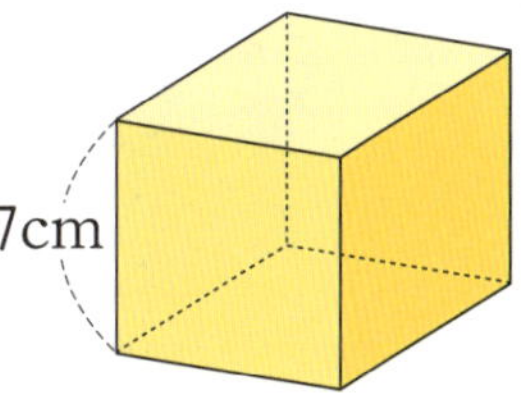

[답]

7 직육면체의 옆넓이가 $160cm^2$일 때, 직육면체의 겉넓이를 구하시오.

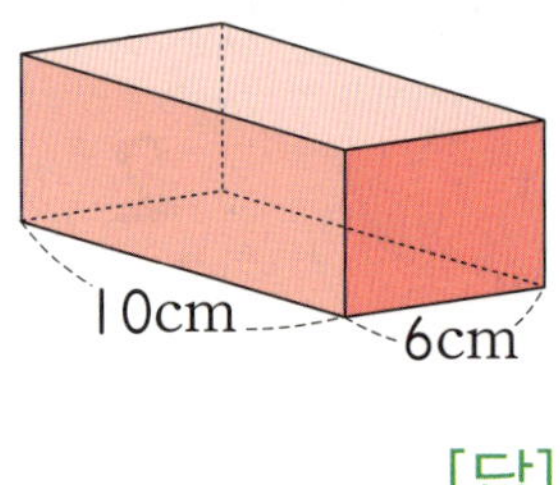

[답]

8 직육면체의 전개도를 보고 직육면체의 겉넓이를 구하시오.

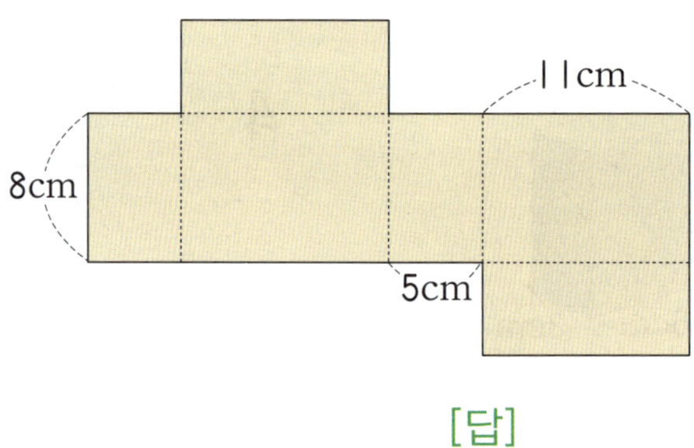

[답]

9 겉넓이가 더 넓은 직육면체는 어느 것입니까?

가

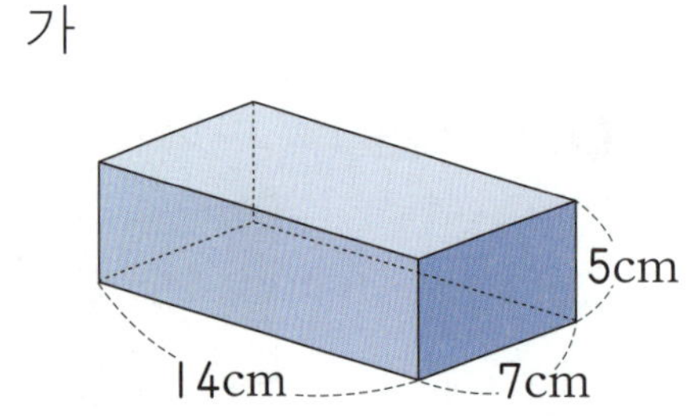

나

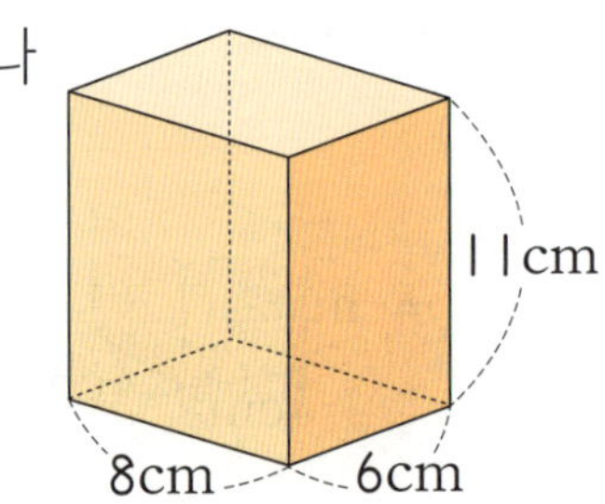

[답]

● 이름 :

● 날짜 :

● 시간 : 시 분 ~ 시 분

◆ 부피의 비교 ◆

1 다음과 같은 서로 다른 직육면체 모양의 상자가 있습니다. 물음에 답하시오.

가

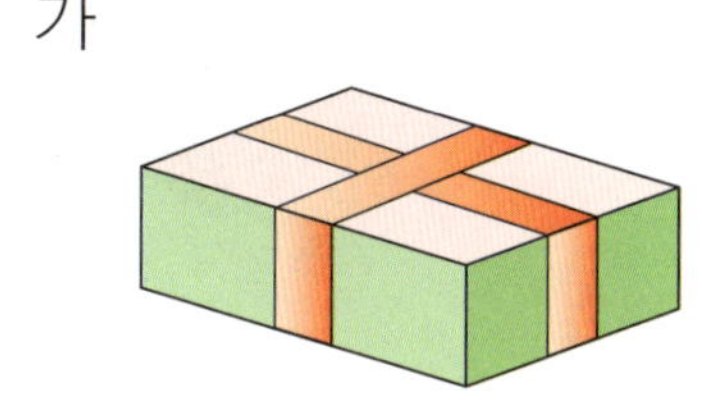

나

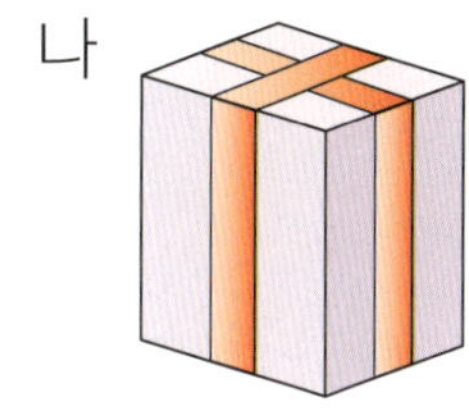

(1) 밑면의 가로가 더 긴 것은 어느 것입니까?

[답]

(2) 밑면의 세로가 더 긴 것은 어느 것입니까?

[답]

(3) 높이가 더 높은 것은 어느 것입니까?

[답]

(4) 두 상자의 부피를 직접 비교할 수 있습니까? 없습니까?

[답]

2 부피가 더 큰 직육면체는 어느 것입니까?

가

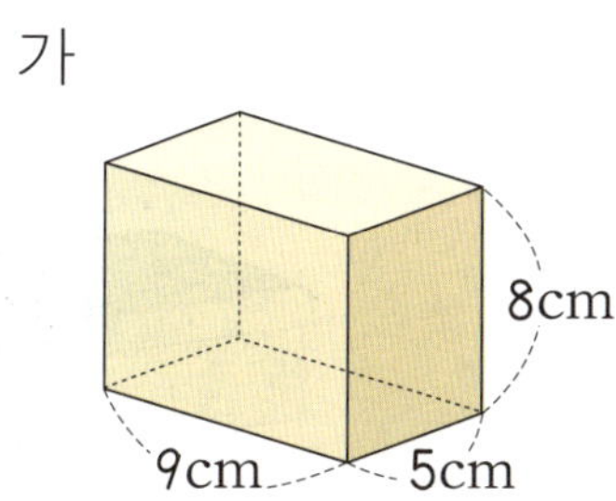

나

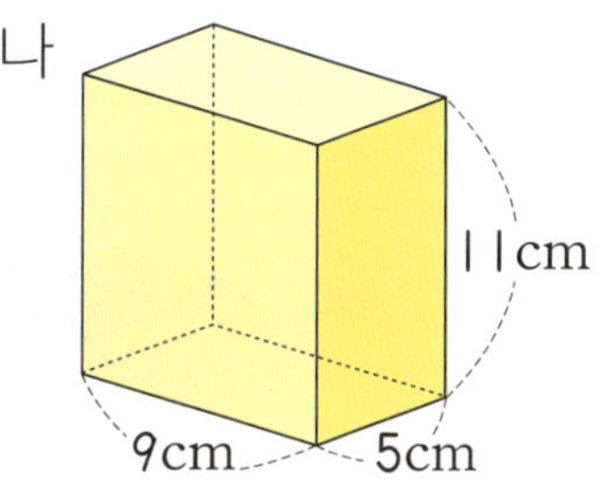

[답]

3 두 직육면체를 보고 물음에 답하시오.

가  나 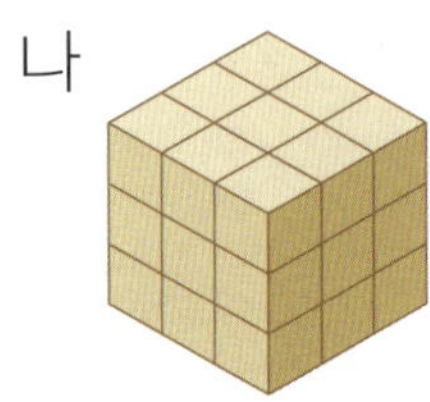

(1) 가의 쌓기나무는 모두 몇 개입니까?

[답]

(2) 나의 쌓기나무는 모두 몇 개입니까?

[답]

(3) 쌓기나무의 개수가 더 많은 것은 어느 것입니까?

[답]

(4) 가, 나 중 어느 쪽의 부피가 더 큽니까?

[답]

4 같은 크기의 지우개를 가 상자에는 144개 담을 수 있고, 나 상자에는 120개 담을 수 있습니다. 부피가 더 큰 상자는 어느 것입니까?

가  나 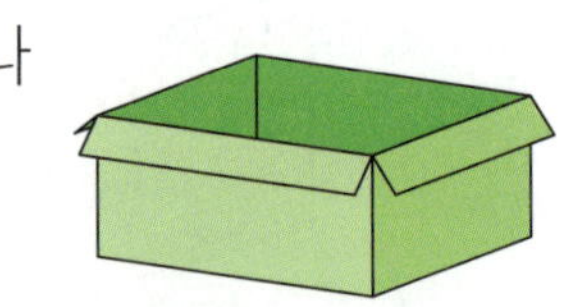

[답]

이름 :

날짜 :

시간 : 시 분 ~ 시 분

◆ 부피의 단위 ◆

입체도형의 부피를 나타내기 위하여 한 모서리가 1cm인 정육면체의 부피를 단위로 사용합니다. 이 정육면체의 부피를 $1cm^3$라 하고, 1 세제곱센티미터라고 읽습니다.

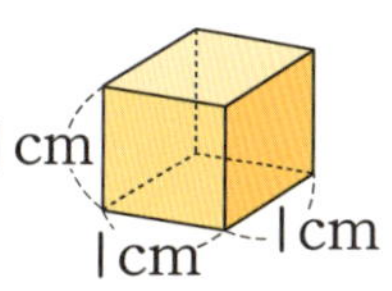

쌓기나무 한 개의 부피가 $1cm^3$일 때, 직육면체의 부피를 구하려고 합니다. 물음에 답하시오. [1~3]

1 밑면에 놓인 쌓기나무는 모두 몇 개입니까?

[답]

2 사용된 쌓기나무는 모두 몇 개입니까?

[답]

3 직육면체의 부피는 몇 cm^3입니까?

[답]

쌓기나무 한 개의 부피가 $1cm^3$일 때, 사용된 쌓기나무의 개수와 직육면체의 부피를 각각 구하시오. [4~7]

4

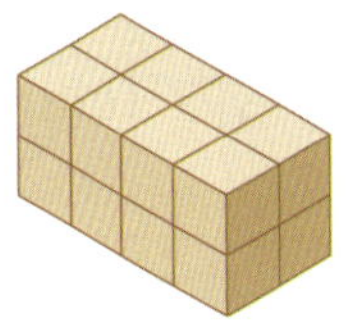

[개수]

[부피]

5

[개수]

[부피]

6

[개수]

[부피]

7

[개수]

[부피]

8 쌓기나무 한 개의 부피가 $1cm^3$일 때, 직육면체의 부피는 몇 cm^3입니까?

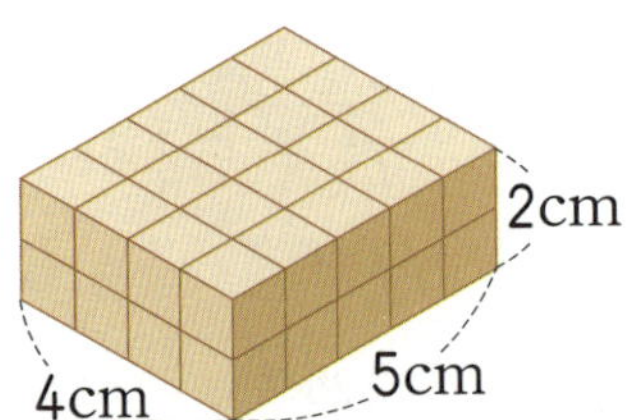

[답]

이름 :
날짜 :
시간 : 시 분 ~ 시 분

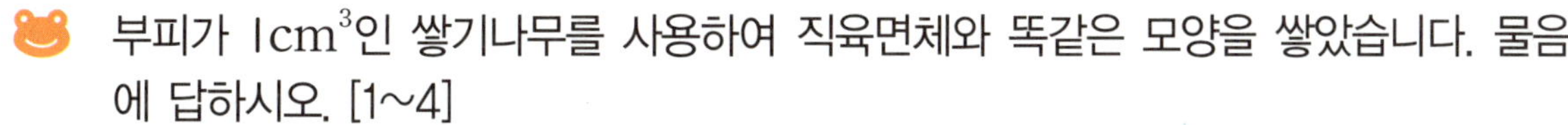

부피가 $1cm^3$인 쌓기나무를 사용하여 직육면체와 똑같은 모양을 쌓았습니다. 물음에 답하시오. [1~4]

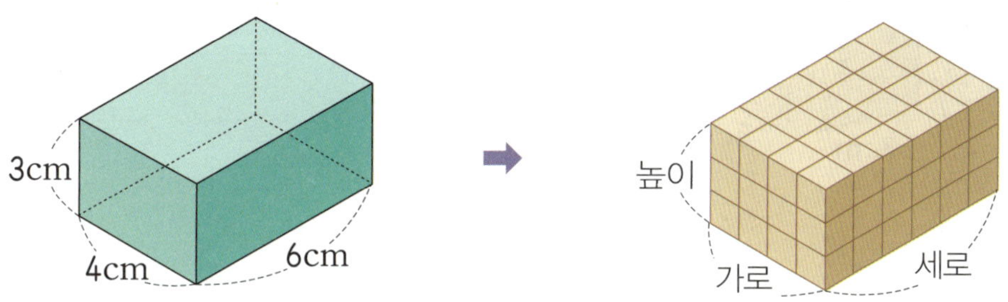

1 밑면에 놓인 쌓기나무는 모두 몇 개입니까?

[답]

2 쌓기나무의 높이는 몇 층입니까?

[답]

3 쌓기나무의 개수를 구하려고 합니다. □ 안에 알맞은 수를 써넣으시오.

(쌓기나무의 개수)＝(가로 줄에 놓인 쌓기나무의 개수)
×(세로 줄에 놓인 쌓기나무의 개수)×(층수)
＝(가로)×(세로)×(높이)
＝□×□×□＝□(개)

4 직육면체의 부피는 몇 cm^3입니까?

[답]

직육면체의 부피를 구하려고 합니다. □ 안에 알맞은 수를 써넣으시오. [5~7]

5

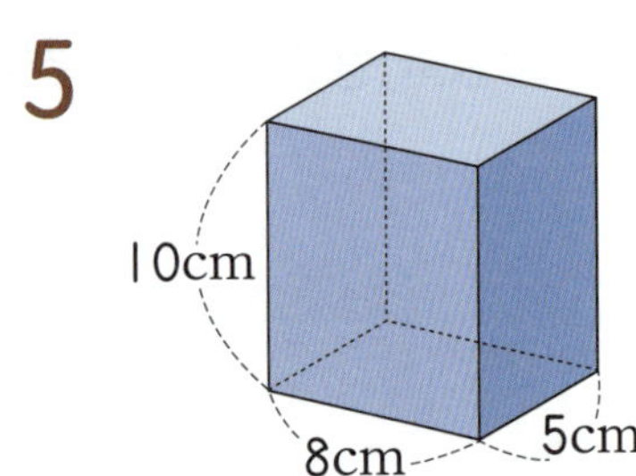

(직육면체의 부피)
=(가로)×(세로)×(높이)
=□×□×□=□(cm^3)

6

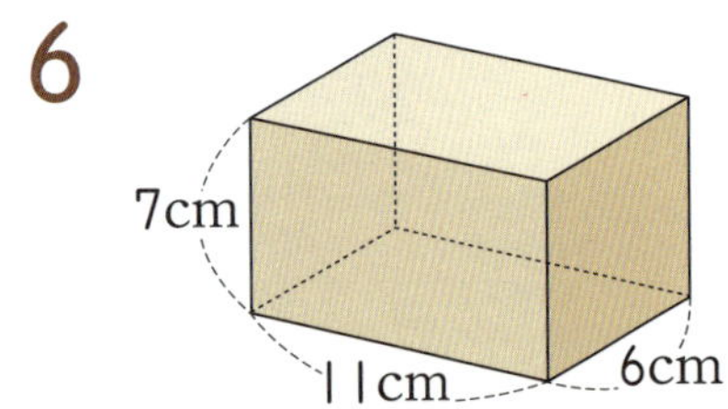

(직육면체의 부피)
=(가로)×(세로)×(높이)
=□×□×□=□(cm^3)

7

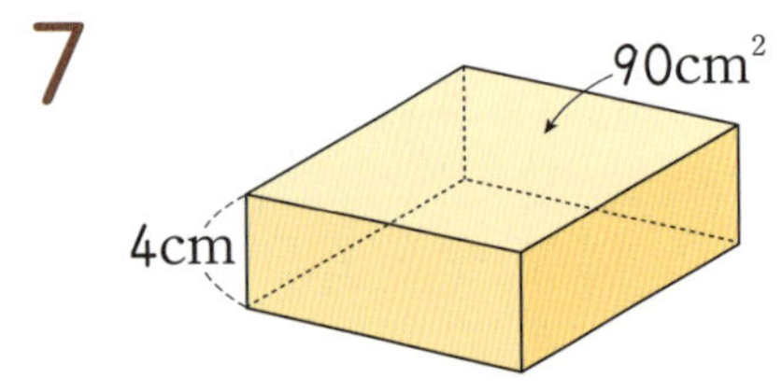

(직육면체의 부피)
=(한 밑면의 넓이)×(높이)
=□×□=□(cm^3)

이름 :
날짜 :
시간 : 시 분 ~ 시 분

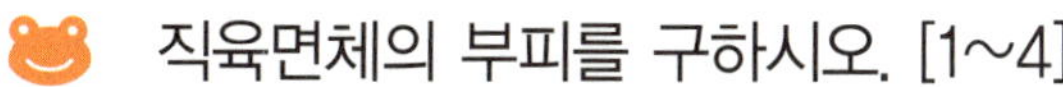

◆ 직육면체의 부피(2) ◆

직육면체의 부피를 구하시오. [1~4]

1

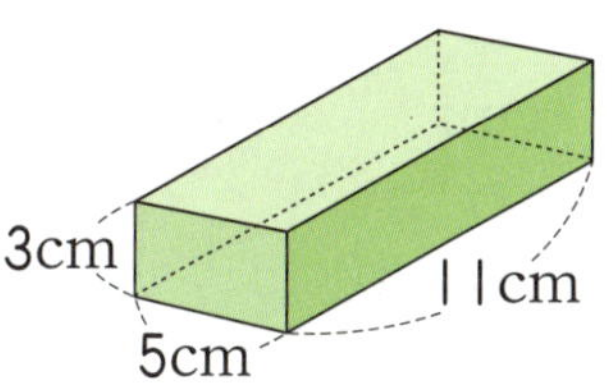

[답]

2

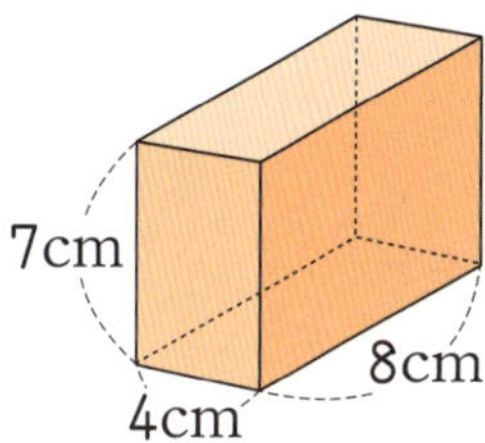

[답]

3

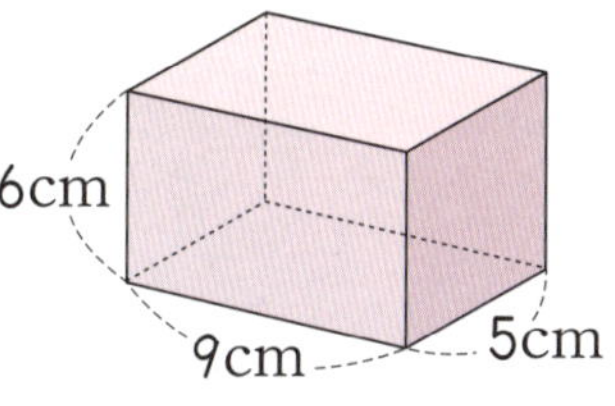

[답]

4

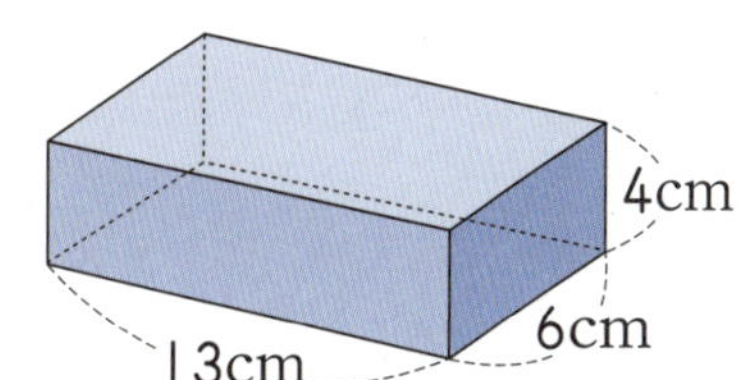

[답]

한 밑면의 넓이와 높이가 주어진 직육면체의 부피를 구하시오. [5~6]

5

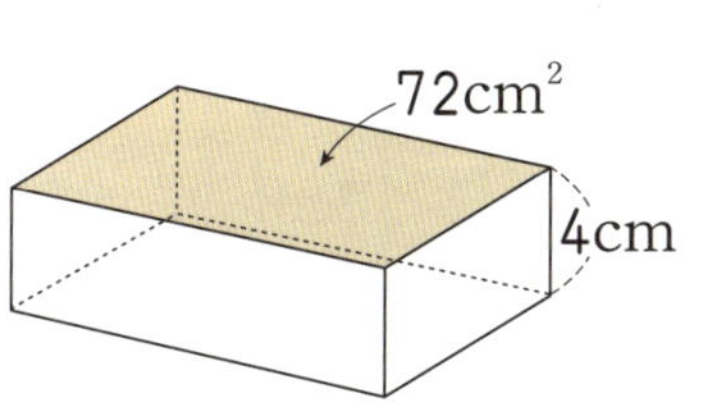

[답]

6

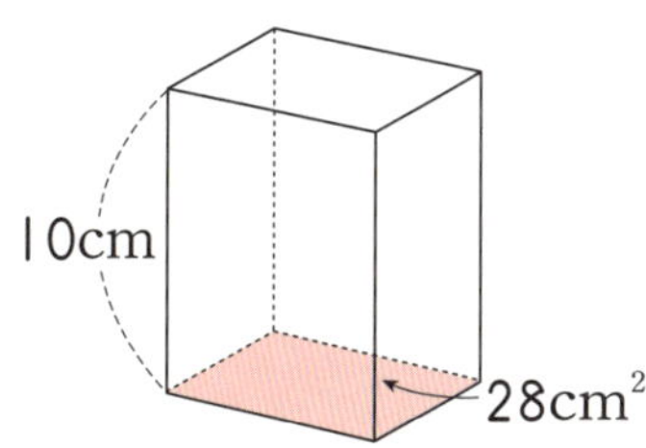

[답]

7 부피가 더 큰 직육면체는 어느 것입니까?

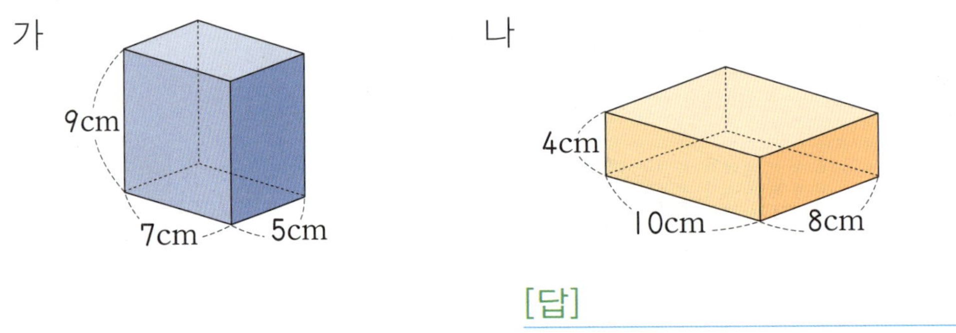

[답]

8 직육면체의 부피가 $240cm^3$일 때, 직육면체의 높이는 몇 cm입니까?

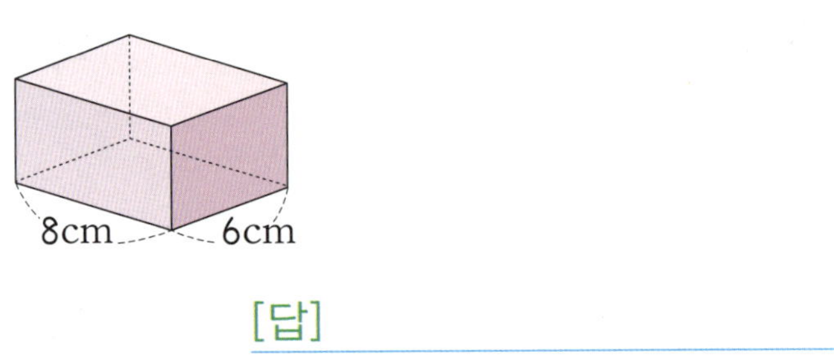

[답]

9 직육면체의 전개도를 접어서 만든 직육면체의 부피를 구하시오.

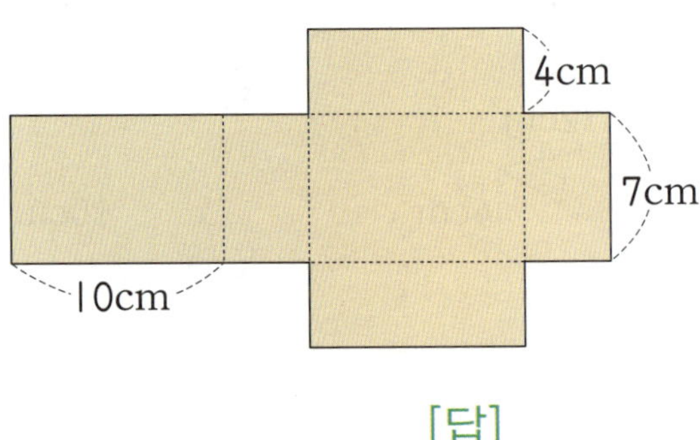

[답]

이름 :

날짜 :

시간 : 시 분 ~ 시 분

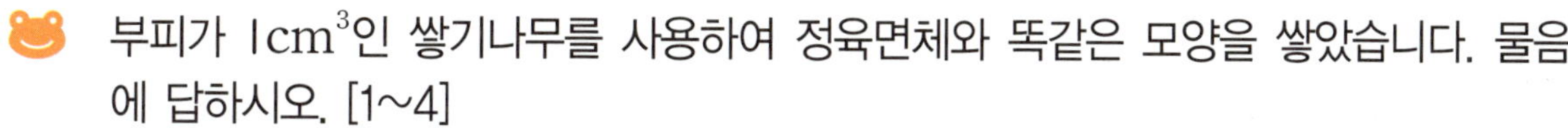

◆ 정육면체의 부피(1) ◆

부피가 $1cm^3$인 쌓기나무를 사용하여 정육면체와 똑같은 모양을 쌓았습니다. 물음에 답하시오. [1~4]

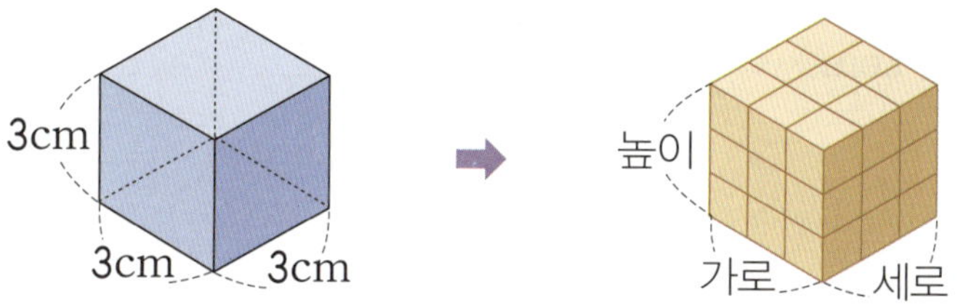

1 밑면에 놓인 쌓기나무는 몇 개입니까?

[답]

2 쌓기나무의 높이는 몇 층입니까?

[답]

3 쌓기나무의 개수를 구하려고 합니다. □ 안에 알맞은 수를 써넣으시오.

(쌓기나무의 개수)=(가로 줄에 놓인 쌓기나무의 개수)

×(세로 줄에 놓인 쌓기나무의 개수)×(층수)

=(가로)×(세로)×(높이)

=□×□×□=□(개)

4 정육면체의 부피는 몇 cm^3입니까?

[답]

정육면체의 부피를 구하려고 합니다. □ 안에 알맞은 수를 써넣으시오. [5~7]

5

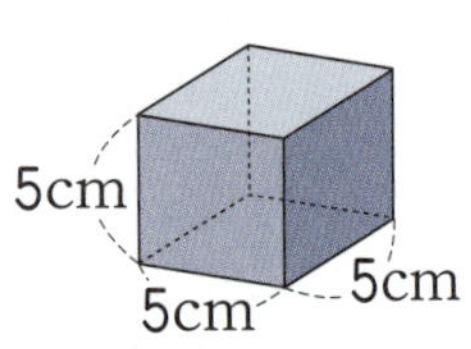

(정육면체의 부피)
=(한 모서리의 길이)×(한 모서리의 길이)
×(한 모서리의 길이)
=□×□×□=□(cm^3)

6

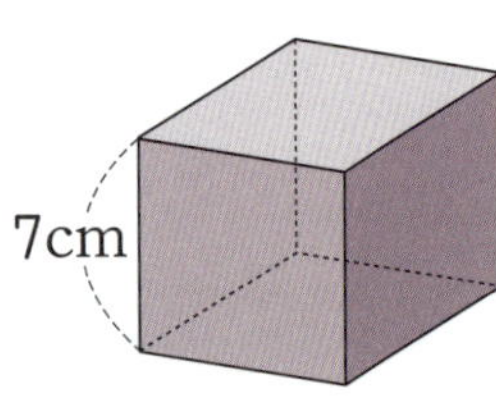

(정육면체의 부피)
=(한 모서리의 길이)×(한 모서리의 길이)
×(한 모서리의 길이)
=□×□×□=□(cm^3)

7

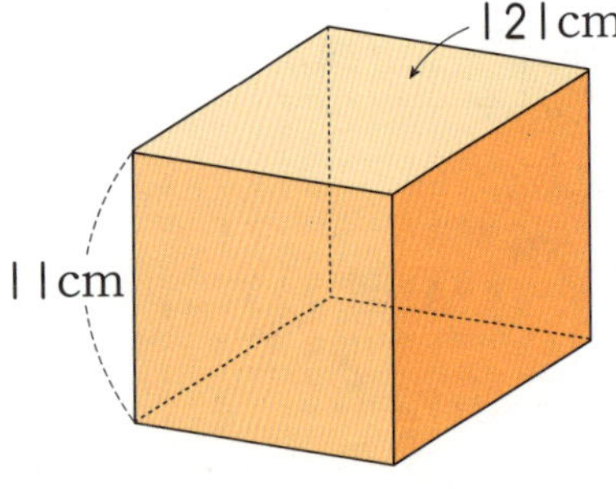

(정육면체의 부피)
=(한 밑면의 넓이)×(높이)
=□×□=□(cm^3)

이름 :
날짜 :
시간 : 시 분 ~ 시 분

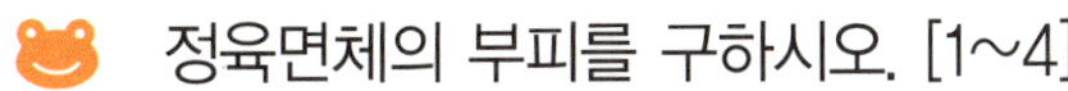

◆ 정육면체의 부피(2) ◆

정육면체의 부피를 구하시오. [1~4]

1

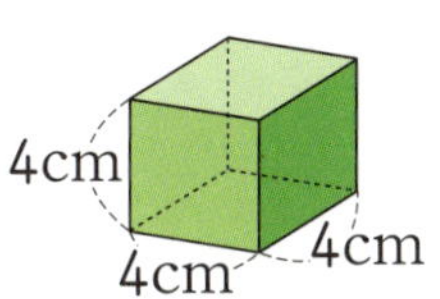

[답]

2

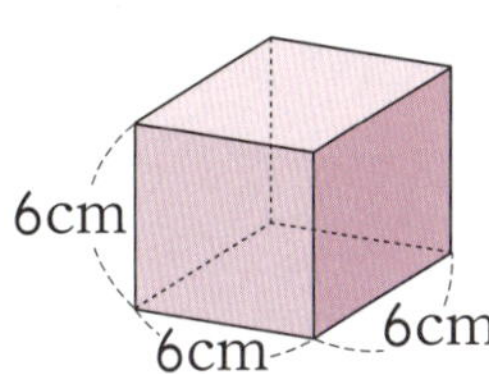

[답]

3

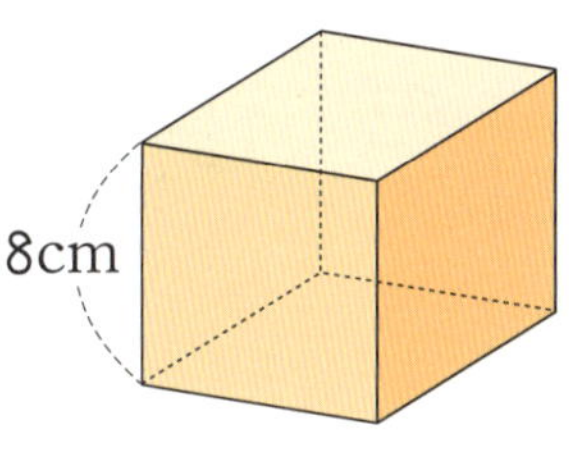

[답]

4

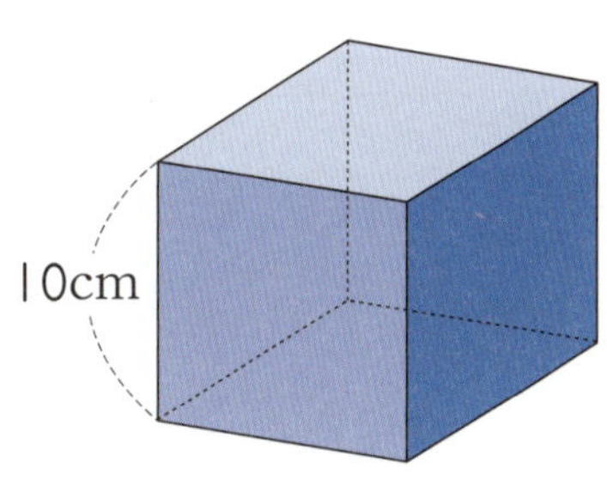

[답]

한 밑면의 넓이와 높이가 주어진 정육면체의 부피를 구하시오. [5~6]

5

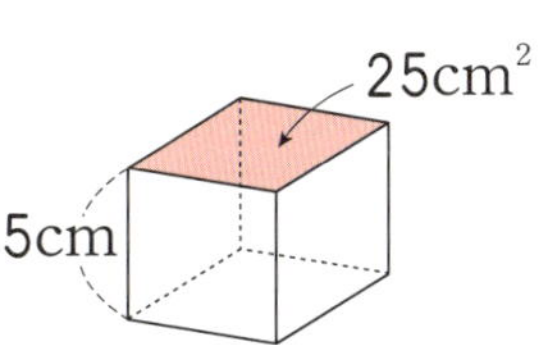

[답]

6

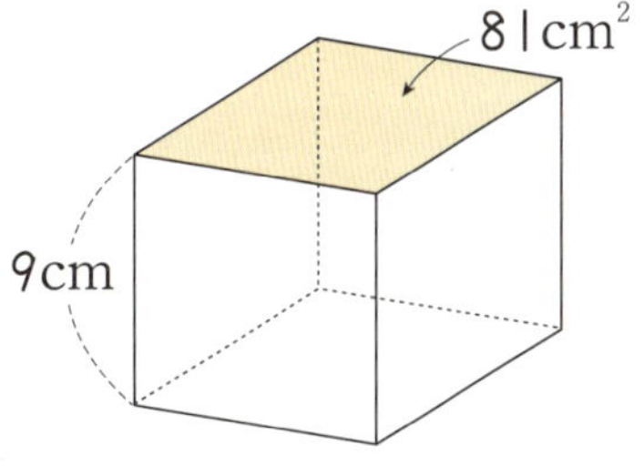

[답]

7 한 모서리의 길이가 12cm인 정육면체의 부피는 몇 cm^3입니까?

[답]

8 가의 부피는 나의 부피의 몇 배입니까?

가

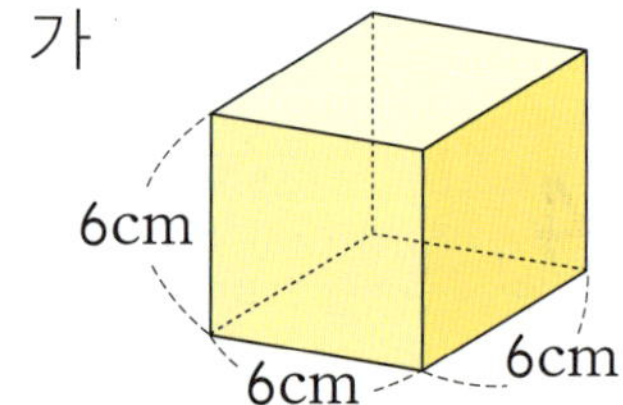

나

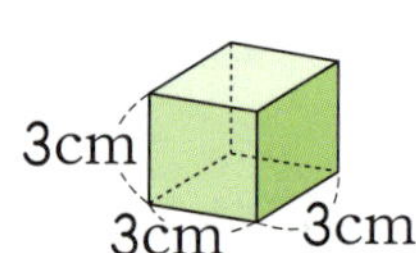

[답]

9 한 면의 넓이가 $64cm^2$인 정육면체의 부피를 구하시오.

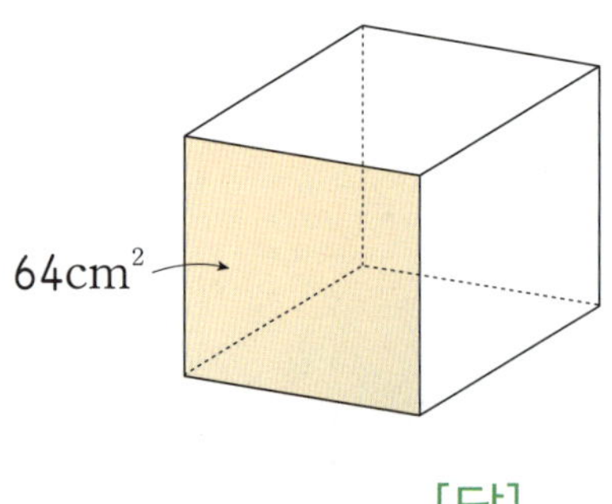

[답]

이름 :

날짜 :

시간 : 시 분 ~ 시 분

◆ 부피의 큰 단위(1) ◆

큰 부피의 단위를 나타내기 위하여 한 모서리가 1m인 정육면체를 사용합니다. 이 정육면체의 부피를 $1m^3$라 하고, 1 세제곱미터라고 읽습니다.

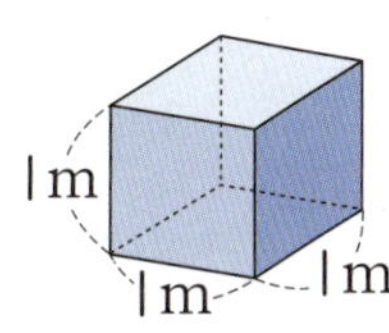

정육면체의 부피를 구하려고 합니다. 물음에 답하시오. [1~4]

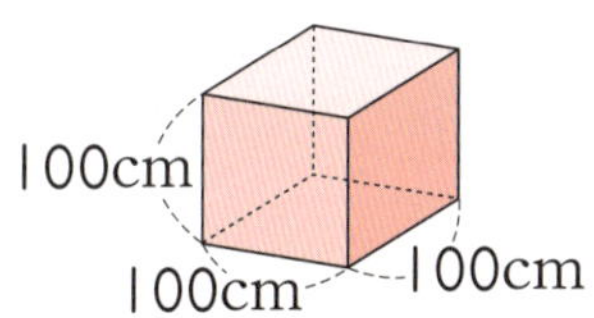

1 정육면체의 가로, 세로, 높이는 각각 몇 m입니까?

[가로] ______ [세로] ______ [높이] ______

2 정육면체의 부피는 몇 m^3입니까?

[답] ______

3 정육면체의 부피는 몇 cm^3입니까?

[답] ______

4 □ 안에 알맞은 수를 써넣으시오.

$1m^3=\square cm^3$

직육면체의 부피는 몇 m^3인지 구하시오. [5~8]

5

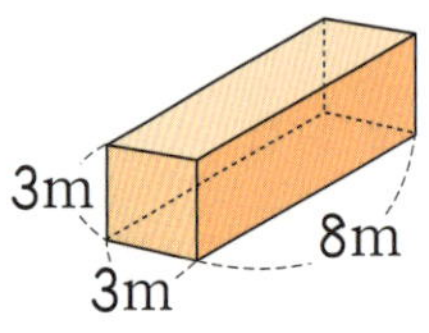

[답]

6

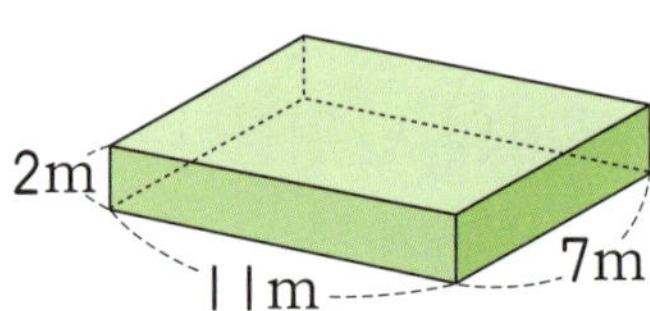

[답]

7

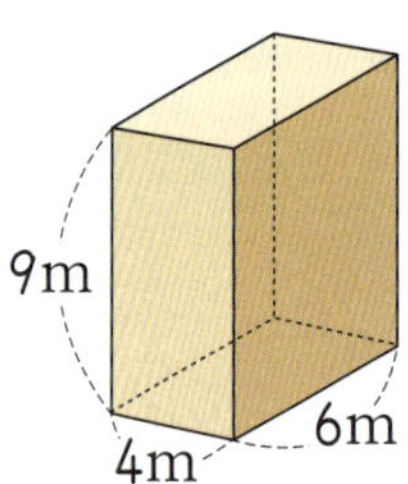

[답]

8

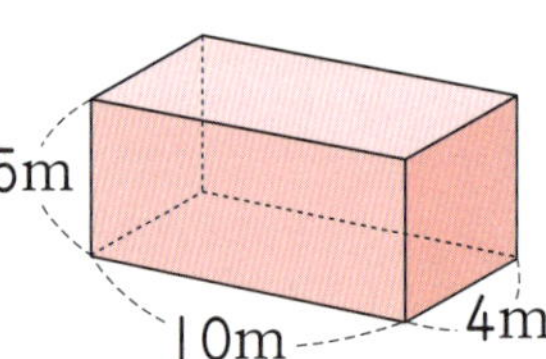

[답]

정육면체의 부피는 몇 m^3인지 구하시오. [9~10]

9

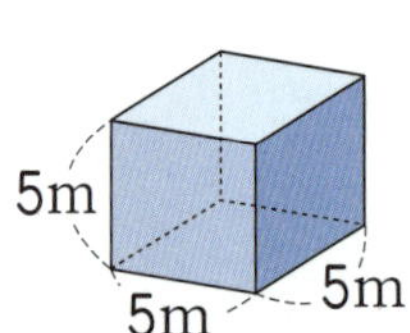

[답]

10

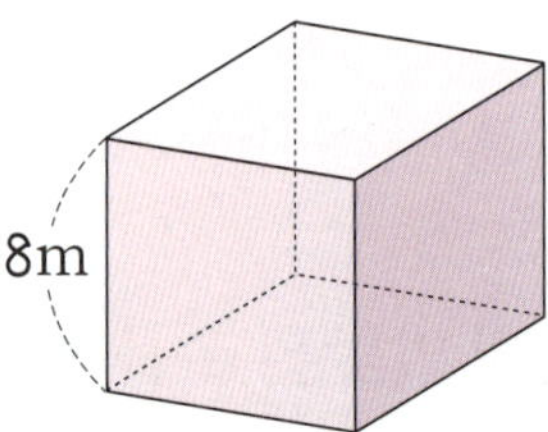

[답]

이름 :
날짜 :
시간 : 시 분 ~ 시 분

◆ 부피의 큰 단위(2) ◆

□ 안에 알맞은 수를 써넣으시오. [1~8]

1 $3m^3=$ □ cm^3

2 $12m^3=$ □ cm^3

3 $0.5m^3=$ □ cm^3

4 $4.3m^3=$ □ cm^3

5 $7000000cm^3=$ □ m^3

6 $25000000cm^3=$ □ m^3

7 $600000cm^3=$ □ m^3

8 $4800000cm^3=$ □ m^3

9 한 모서리의 길이가 4m인 정육면체의 부피는 몇 cm^3입니까?

[답]

10 직육면체의 부피를 구하려고 합니다. □ 안에 알맞은 수를 써넣으시오.

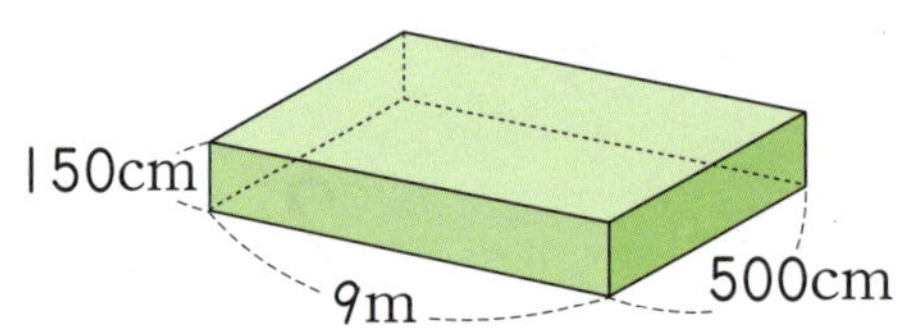

(직육면체의 부피)= □ m^3

= □ cm^3

11 부피가 더 큰 직육면체는 어느 것입니까?

가

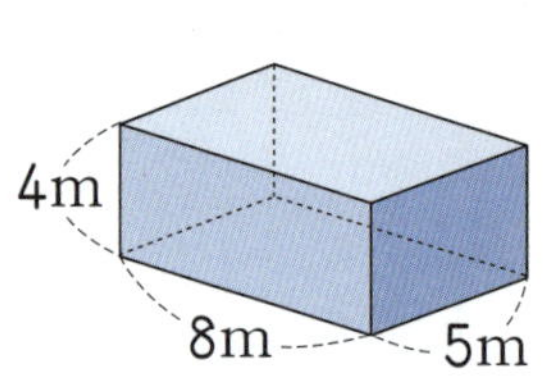

나

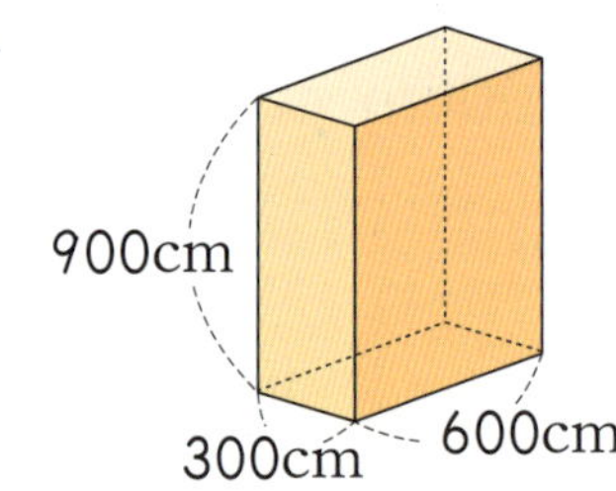

[답]

12 가로, 세로, 높이가 각각 150cm, 4m, 230cm인 직육면체의 부피는 몇 m^3 입니까?

[답]

이름 :

날짜 :

시간 : 시 분 ~ 시 분

◆ 부피와 들이 사이의 관계(1) ◆

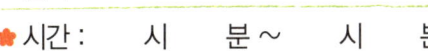

• 물건의 들이를 나타내기 위하여 안치수의 가로, 세로, 높이가 각각 10cm인 단위를 사용합니다. 이 그릇의 들이를 1L라 하고, 1리터라고 읽습니다.

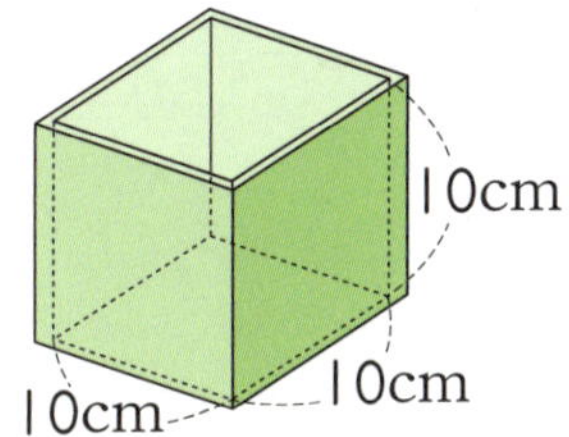

$1000cm^3 = 1L$

• 작은 들이의 단위를 나타내기 위하여 안치수의 가로, 세로, 높이가 각각 1cm인 단위를 사용합니다. 이 그릇의 들이를 1mL라 하고, 1밀리리터라고 읽습니다.

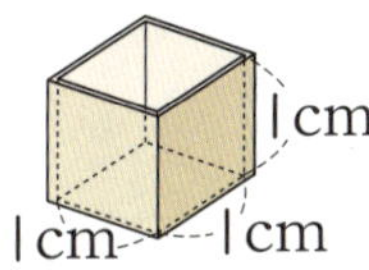

$1cm^3 = 1mL$

□ 안에 알맞은 수를 써넣으시오. [1~4]

1 $4000cm^3 =$ □ L

2 $1300cm^3 =$ □ L

3 $6L =$ □ cm^3

4 $7.5L =$ □ cm^3

 □ 안에 알맞은 수를 써넣으시오. [5~10]

5 $8cm^3$=□mL

6 $400cm^3$=□mL

7 15mL=□cm^3

8 3.6mL=□cm^3

9 200mL=□L

10 1.8L=□mL

 다음과 같은 직육면체 모양의 그릇에 물을 가득 담았습니다. □ 안에 알맞은 수를 써넣으시오. [11~12]

11

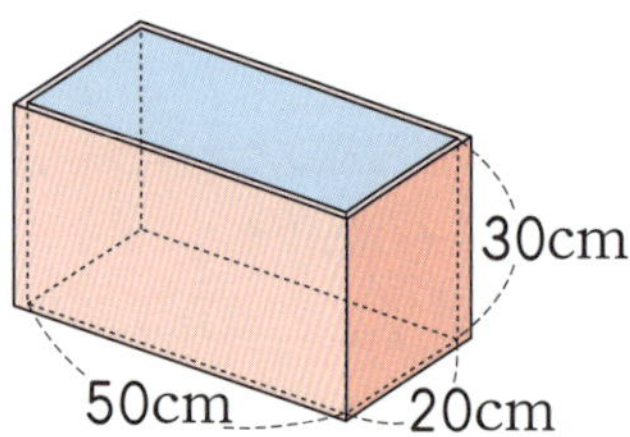

(물의 부피)=□cm^3

(그릇의 들이)=□L

12

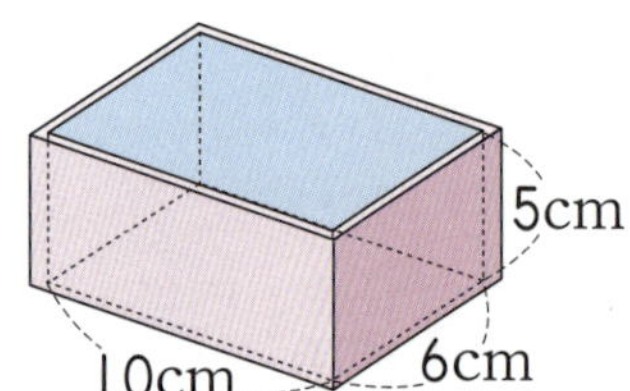

(물의 부피)=□cm^3

(그릇의 들이)=□mL

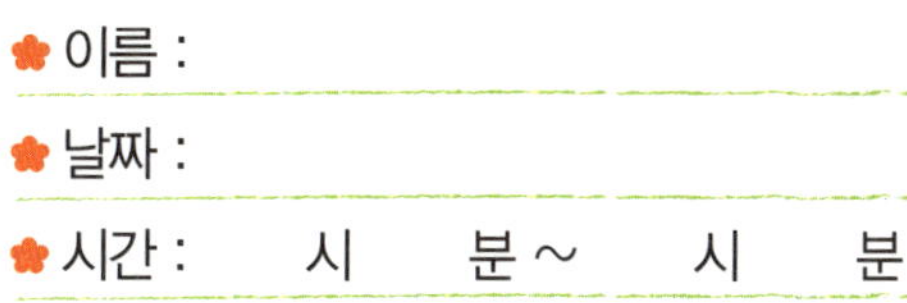

◆ **부피와 들이 사이의 관계(2)** ◆

다음과 같은 그릇에 물을 가득 담았습니다. 물음에 답하시오. [1~4]

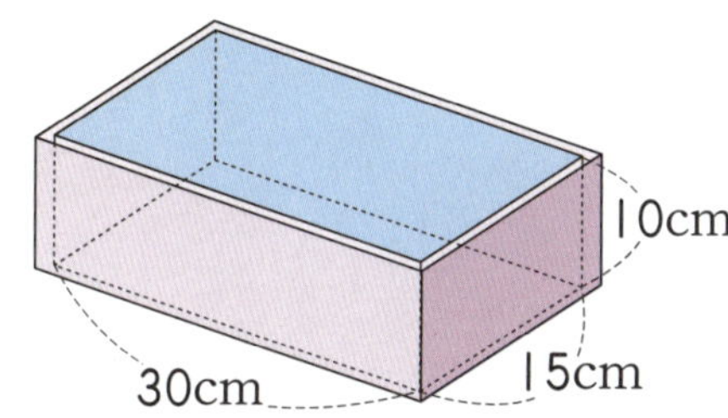

1 물의 부피는 몇 cm^3입니까?

[답]

2 그릇의 들이는 몇 L 입니까?

[답]

3 그릇의 들이는 몇 mL 입니까?

[답]

4 □ 안에 알맞은 수를 써넣으시오.

$4500cm^3 = \square L = \square mL$

그릇의 들이는 몇 L인지 구하시오. [5~6]

5

30cm
25cm
10cm

[답]

6

15cm
42cm
20cm

[답]

7 다음 직육면체 모양의 그릇의 들이가 12.6L일 때, 안치수의 높이는 몇 cm입니까?

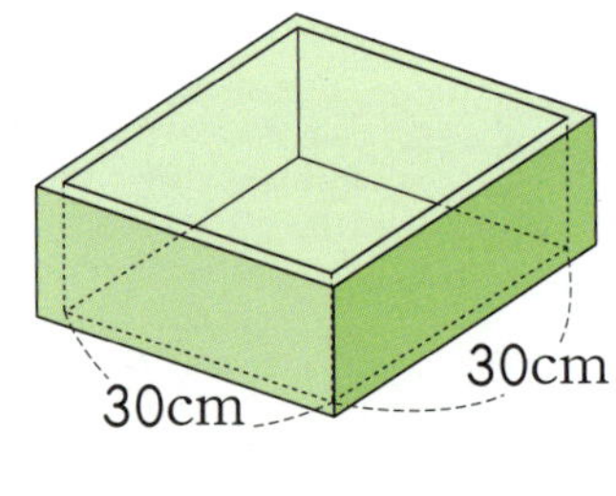

[답]

8 안치수의 가로, 세로, 높이가 각각 24cm, 15cm, 20cm인 직육면체 모양의 그릇에 물을 반만 채웠습니다. 그릇에 들어 있는 물은 몇 L입니까?

[답]

창의력 학습

은영이가 산타할아버지의 선물 중에서 부피가 가장 큰 것을 고르려고 합니다. 부피가 가장 큰 선물을 찾아 기호를 쓰시오.

[답]

다음을 보고 금덩이의 부피는 몇 cm^3인지 구하시오.

금덩이를 넣으니까
물이 가득 차는구나.

10cm
15cm
12cm

금덩이를 빼내었더니
물이 3cm 줄어드는구나.

7cm
15cm
12cm

[답]

• 이름 :
• 날짜 :
• 시간 : 시 분 ~ 시 분

경시대회 예상문제

1 다음 직육면체와 정육면체의 겉넓이가 같습니다. □ 안에 알맞은 수를 써넣으시오.

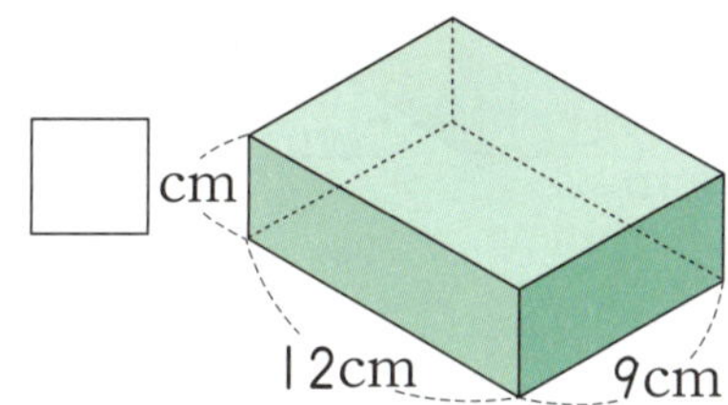

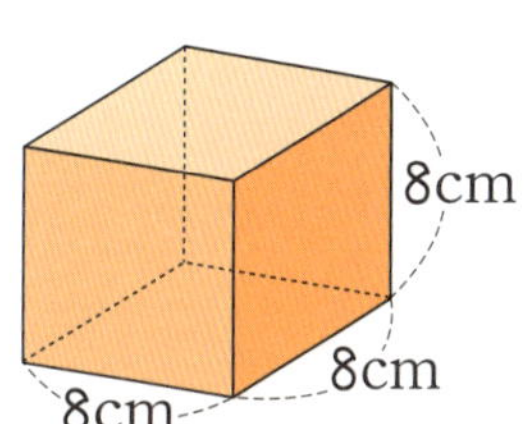

2 직육면체를 위와 앞에서 본 모양입니다. 이 직육면체의 겉넓이를 구하시오.

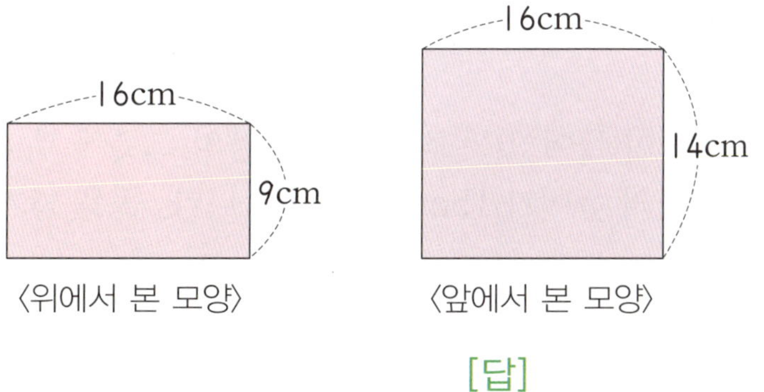

[답]

3 겉넓이가 294 cm^2인 정육면체의 부피는 몇 cm^3입니까?

[답]

4 입체도형의 부피를 구하시오.

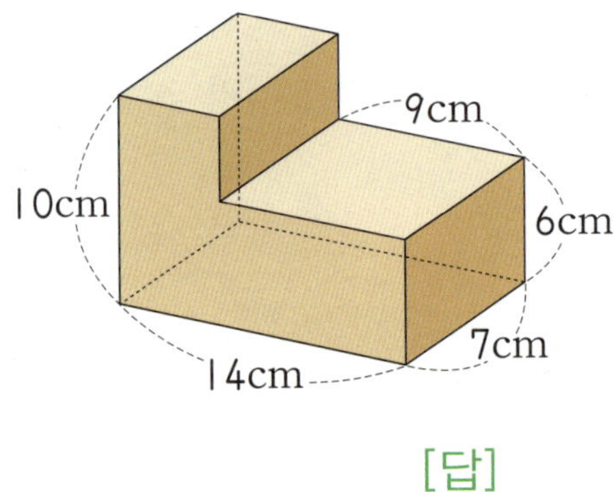

[답]

5 들이가 64L인 정육면체가 있습니다. 이 정육면체의 한 모서리의 길이는 몇 cm입니까?

[답]

6 그림과 같이 물이 들어 있는 직육면체 모양의 그릇에 부피가 2100cm^{3}인 돌을 넣었더니 물의 높이가 15cm가 되었습니다. 돌을 넣기 전의 물의 높이는 몇 cm입니까?

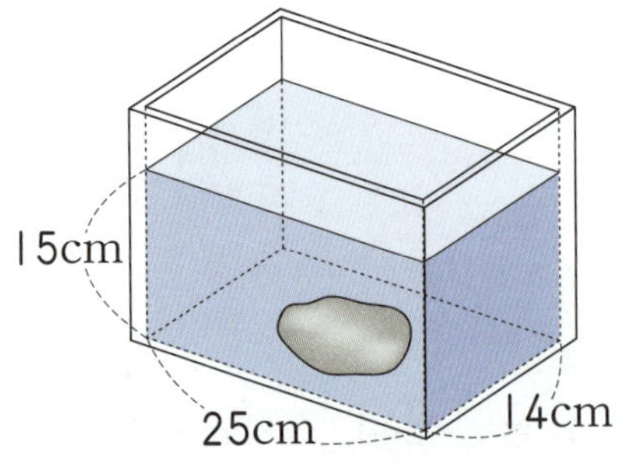

[답]

서술형·논술형

7 다음 직육면체의 가로, 세로, 높이를 각각 1cm씩 늘이면 부피는 몇 cm^3 늘어나는지 풀이 과정을 쓰고 답을 구하시오.

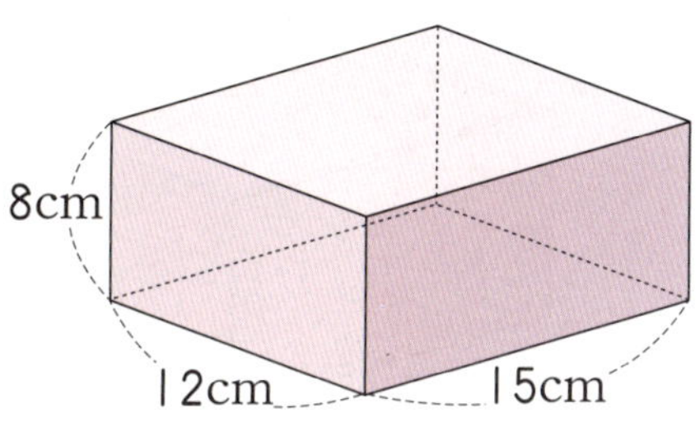

[답]

8 나 그릇에 물을 가득 채우려고 합니다. 가 그릇에 물을 가득 채워 적어도 몇 번 부어야 나 그릇에 물이 가득 채워집니까?

가

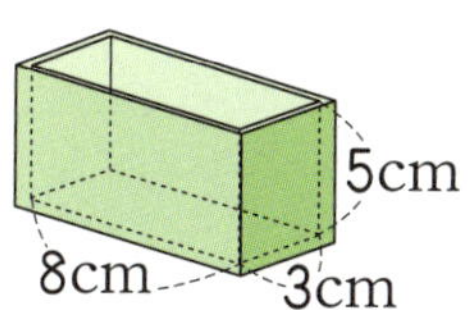

나

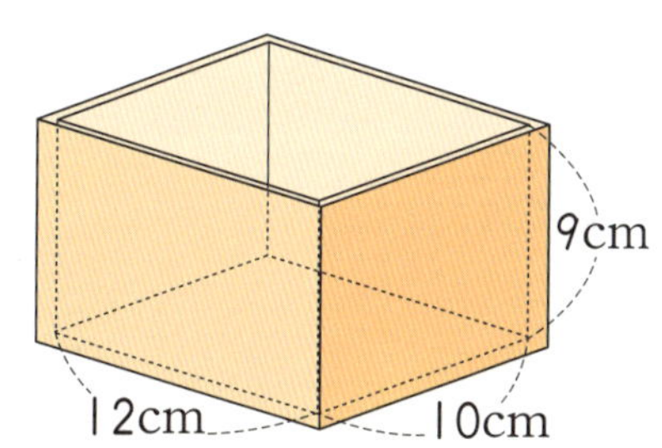

[답]

서술형·논술형

9 다음과 같은 그릇에 물을 7L 부었습니다. 물의 높이는 몇 cm가 되는지 풀이 과정을 쓰고 답을 구하시오.

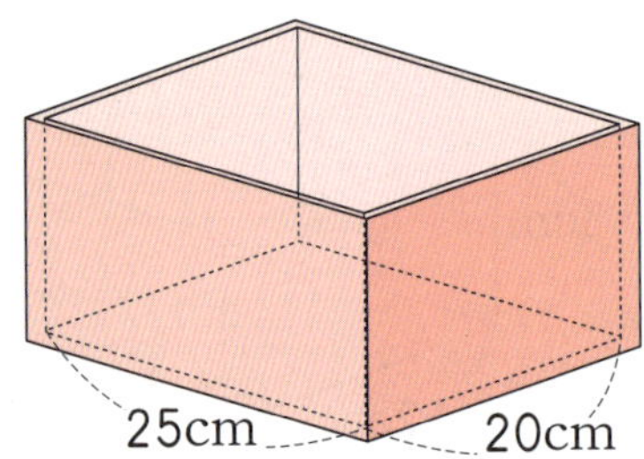

[답]

10 다음과 같은 그릇에 부피가 똑같은 구슬 5개를 넣었더니 물의 높이가 3cm 만큼 높아졌습니다. 구슬 한 개의 부피는 몇 cm^3입니까?

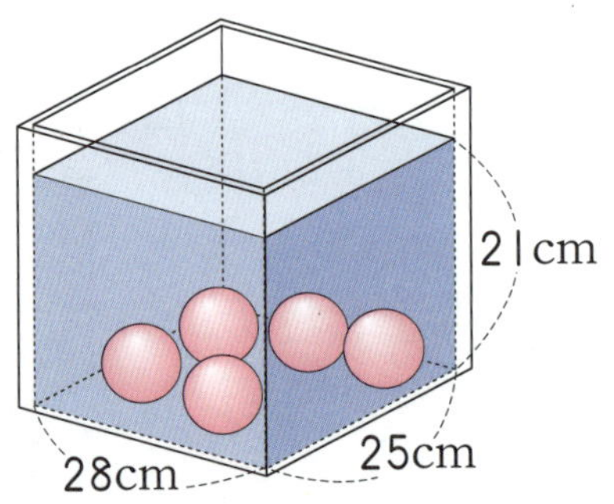

[답]

J4

J226a ~ J240b

학습 관리표

학습 내용		이번 주는?
확인 학습	· 분수와 소수의 혼합 계산 · 원기둥과 원뿔 · 직육면체의 겉넓이와 부피 · 창의력 학습 · 경시대회 예상문제 · 성취도 테스트	• 학습 방법 : ① 매일매일 ② 가끔 ③ 한꺼번에 하였습니다. • 학습 태도 : ① 스스로 잘 ② 시켜서 억지로 하였습니다. • 학습 흥미 : ① 재미있게 ② 싫증내며 하였습니다. • 교재 내용 : ① 적합하다고 ② 어렵다고 ③ 쉽다고 하였습니다.

지도 교사가 부모님께	부모님이 지도 교사께

평가	Ⓐ 아주 잘함	Ⓑ 잘함	Ⓒ 보통	Ⓓ 부족함

원(교) 반 이름 전화

기초부터 탄탄하게
기탄교육
www.gitan.co.kr / (02)586-1007(대)

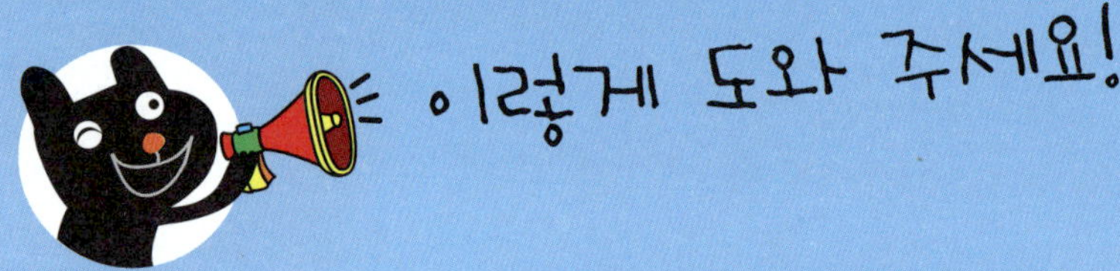

● 학습 목표

- 분수와 소수의 혼합 계산은 순서를 알고 분수나 소수를 각각 편리한 형태로 고쳐서 계산할 수 있습니다.
- 원기둥과 원뿔을 이해하고 특징을 알 수 있습니다.
- 회전체와 회전축을 이해하고 회전체의 단면과 특징을 알 수 있습니다.
- 직육면체와 정육면체의 겉넓이를 구할 수 있습니다.
- 부피의 단위인 $1cm^3$를 알고, 직육면체와 정육면체의 부피를 구할 수 있습니다.
- 부피와 들이 단위 사이의 관계를 이해할 수 있습니다.

● 지도 내용

- 분수와 소수의 혼합 계산은 분수를 소수로 고쳐서 계산하거나 소수를 분수로 고쳐서 계산하게 합니다.
- 덧셈, 뺄셈, 곱셈, 나눗셈이 섞여 있는 식의 계산 순서를 알고, 편리한 형태로 고쳐서 계산하게 합니다.
- 원기둥과 원뿔을 이해하고 구성 요소를 알게 합니다.
- 회전체와 회전축을 이해하고 회전체의 단면과 특징을 알게 합니다.
- 직육면체와 정육면체의 겉넓이를 구해 보게 합니다.
- 부피의 단위인 $1cm^3$를 알고, 직육면체와 정육면체의 부피를 구해 보게 합니다.
- cm^3, m^3, L, mL의 관계를 알게 합니다.

● 지도 요점

앞에서 학습한 분수와 소수의 혼합 계산, 원기둥과 원뿔, 직육면체의 겉넓이와 부피를 확인 학습하는 주입니다. 여러 유형의 문제를 접해 보게 함으로써 학습한 지식을 잘 응용할 수 있도록 지도해 주십시오. 그리고 성취도 테스트를 이용해서 주어진 시간 내에 모든 문제를 푸는 연습을 하도록 해 주십시오.

이름 :

날짜 :

시간 : 시 분 ~ 시 분

◆ 분수와 소수의 혼합 계산 ◆

다음을 계산하시오. [1～8]

1 $8.4 \div \frac{3}{4}$

2 $2.7 \div 1\frac{4}{5}$

3 $4.5 \div 2\frac{1}{4}$

4 $1.35 \div 1\frac{7}{8}$

5 $4\frac{4}{5} \div 0.2$

6 $5\frac{1}{2} \div 2.2$

7 $3\frac{5}{8} \div 1.25$

8 $3\frac{3}{4} \div 0.24$

9 보기 와 같이 분수를 소수로 고쳐서 계산하시오. 소수로 나누어떨어지지 않으면 소수 둘째 자리에서 반올림하시오.

> **보기**
>
> $1\frac{3}{10} \div 0.75 = 1.3 \div 0.75 = 1.73\cdots\cdots \Rightarrow 1.7$

$8\frac{1}{2} \div 1.8$

10 다음 중 분수를 소수로 고쳐서 계산할 때 소수로 나누어떨어지지 않는 것은 어느 것입니까? (　　　　)

① $2\frac{4}{5} \div 0.8$　　② $1\frac{5}{8} \div 2.5$　　③ $\frac{7}{16} \div 0.5$

④ $2\frac{3}{25} \div 1.5$　　⑤ $3\frac{1}{2} \div 0.2$

11 나눗셈의 몫을 분수와 소수로 각각 나타내시오.

$2.7 \div 3\frac{3}{4}$

[분수] ______________

[소수] ______________

12 빈칸에 알맞은 분수를 써넣으시오.

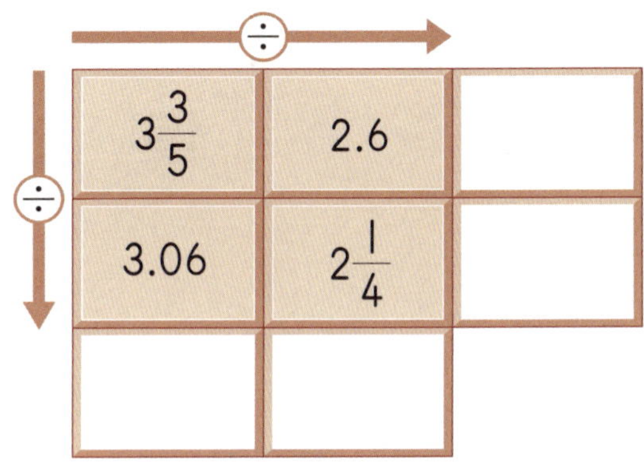

13 ○ 안에 >, =, <를 알맞게 써넣으시오.

$$2\frac{5}{8} \div 1.4 \bigcirc 4.8 \div 2\frac{1}{4}$$

14 □ 안에 알맞은 소수를 써넣으시오.

$$1.95 \div \square = \frac{3}{5}$$

15 넓이가 9.1m^2인 화단이 있습니다. 이 화단의 세로가 $3\frac{1}{4}\text{m}$이면 가로는 몇 m 입니까?

[답]

16 아버지의 몸무게는 $63\frac{3}{4}\text{kg}$이고, 선화의 몸무게는 37.5kg입니다. 아버지의 몸무게는 선화의 몸무게의 몇 배입니까?

[답]

17 철사 5.46m의 무게는 $1\frac{14}{25}\text{kg}$입니다. 이 철사 1m의 무게는 몇 kg입니까?

[답]

18 4.83L의 물을 들이가 $\frac{7}{20}\text{L}$인 컵에 따르려고 합니다. 물을 남지 않게 따르려면 컵은 적어도 몇 개 필요합니까?

[답]

보기 와 같이 계산하는 순서를 나타내고, 계산하시오. [19~21]

보기

$$1.3+\frac{3}{4}\times3.2=3.7$$

① $\frac{3}{4}\times3.2$

② $1.3+$ ①

19 $3.25-1\frac{7}{8}\div2.5$

20 $2.1\div(3\frac{3}{4}\times4.2)$

21 $1.2\times2\frac{1}{4}-0.8\div\frac{1}{2}$

다음을 계산하시오. [22~25]

22 $0.3 \div \frac{3}{8} + 6.75 \times \frac{1}{2} - 2\frac{4}{5}$

23 $4\frac{1}{2} \times 0.6 - 4.5 \div 2\frac{1}{2} + 1.3$

24 $2.25 \times \frac{3}{5} \div \left(0.75 + \frac{1}{2}\right) - 0.9$

25 $3\frac{1}{2} - 2.25 \div \left(1\frac{2}{3} \times 0.75 + \frac{3}{4}\right)$

26 빈칸에 알맞은 수를 써넣으시오.

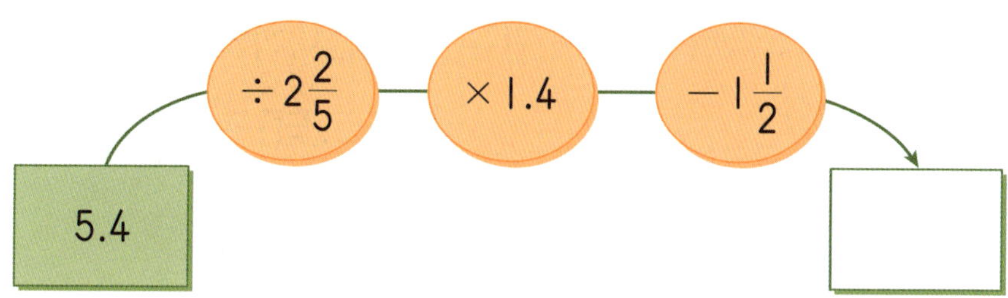

27 계산 순서대로 번호를 써넣고, 계산을 하시오.

$$9.32-1\frac{1}{2}\div 0.75\times\left(2.4+\frac{4}{5}\right)$$

[답]

28 식이 성립하도록 (　)를 알맞게 써넣으시오.

$$5.7 \quad - \quad 3\frac{1}{5} \quad \div \quad 2\frac{2}{3} \quad + \quad 0.5 \quad =4$$

29 둘레가 $1\frac{1}{4}$m인 삼각형을 18개 만들 수 있는 철사가 있습니다. 이 철사로 둘레가 2.25m인 삼각형을 몇 개 만들 수 있습니까?

[답]

30 $24\frac{1}{2}$L의 물이 있습니다. 이 중에서 3.7L를 마시고, 남은 물의 $\frac{3}{5}$을 4개의 물통에 똑같이 나누어 담았습니다. 한 개의 물통에 담은 물은 몇 L입니까?

[답]

31 어떤 수에서 1.4와 $2\frac{7}{10}$의 곱을 빼어야 할 것을 잘못 계산하여 어떤 수에서 1.4를 뺀 다음 $2\frac{7}{10}$을 곱하였더니 8.64가 되었습니다. 바르게 계산하면 얼마입니까?

[답]

이름 :
날짜 :
시간 : 시 분 ~ 시 분

◆ 원기둥과 원뿔 ◆

입체도형을 보고 물음에 답하시오. [1~3]

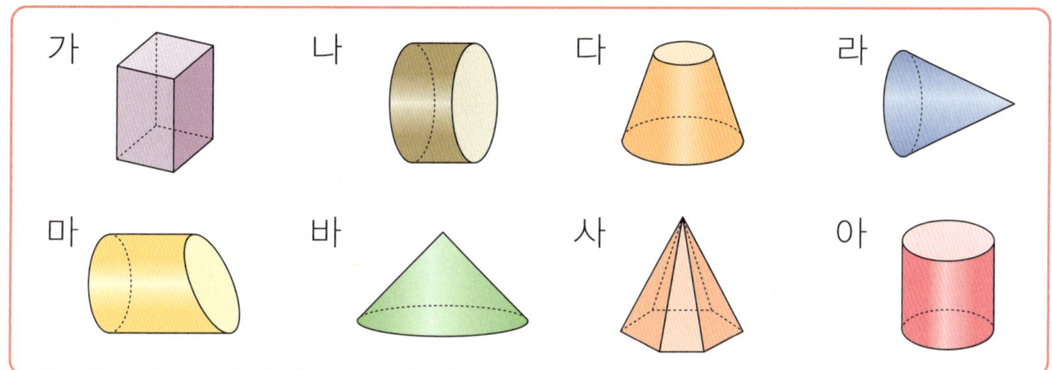

1 원기둥을 모두 찾아 쓰시오.

[답]

2 원뿔을 모두 찾아 쓰시오.

[답]

3 마는 원기둥이 아닙니다. 그 이유를 쓰시오.

[답]

4 각 부분의 이름을 □ 안에 써넣으시오.

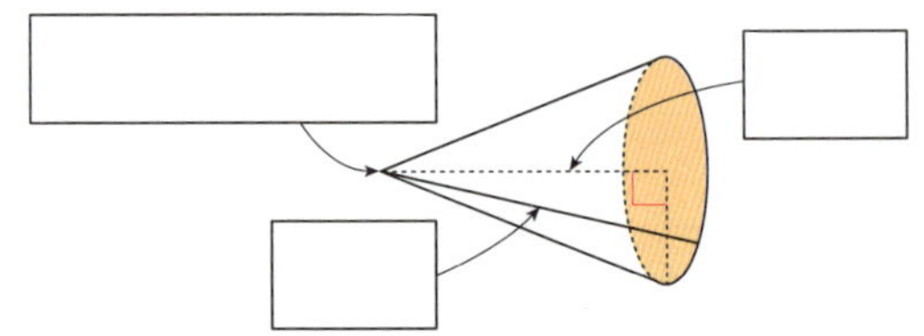

5 원기둥의 전개도를 모두 고르시오. (　　　　　　)

①
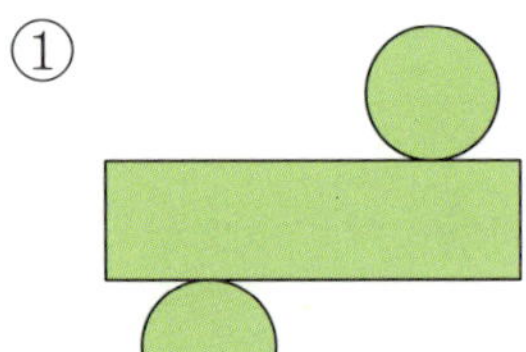

②
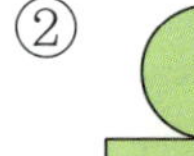

③
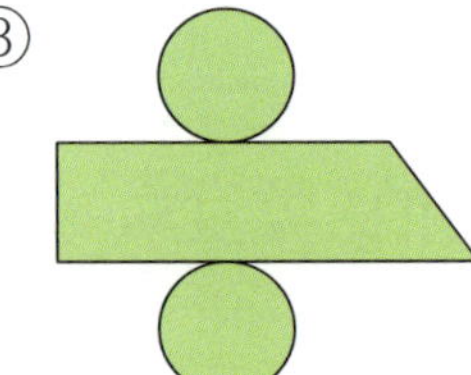

④

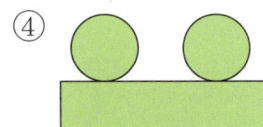

⑤
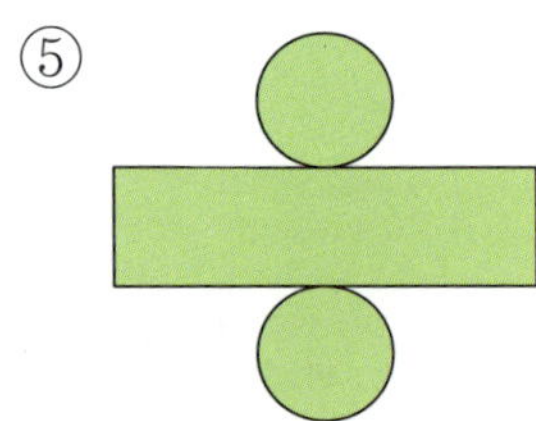

6 다음은 원뿔의 무엇을 재는 그림입니까?

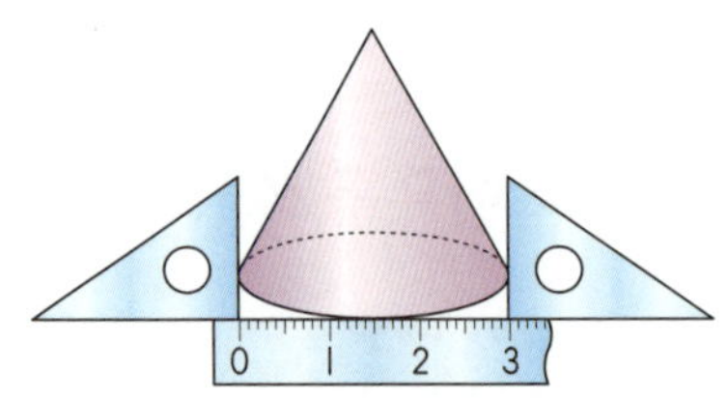

[답] ______________________

7 원뿔에서 모선의 길이와 높이의 차는 몇 cm입니까?

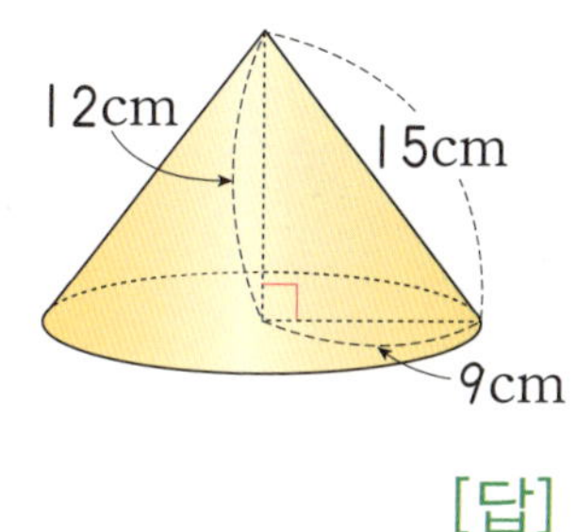

[답]

8 원뿔에 대한 설명으로 옳은 것을 모두 찾아 기호를 쓰시오.

㉠ 원뿔의 밑면은 원입니다.
㉡ 원뿔의 밑면은 1개입니다.
㉢ 원뿔의 옆면은 평면으로 둘러싸여 있습니다.

[답]

9 입체도형을 위에서 본 모양이 다른 것을 찾아 쓰시오.

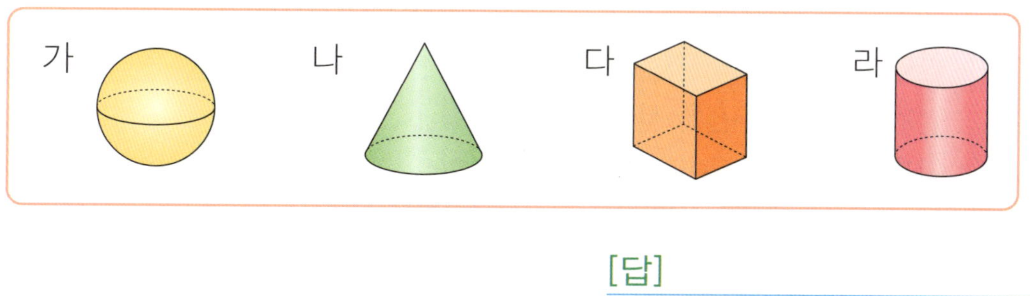

[답]

10 원기둥과 원뿔의 같은 점과 다른 점을 각각 한 가지씩 쓰시오.

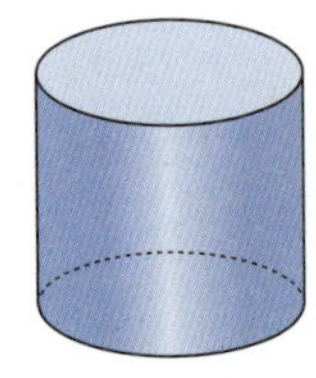
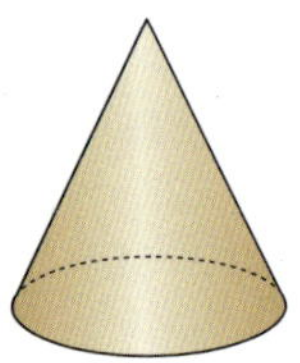

[같은 점]

[다른 점]

11 원기둥의 전개도에서 옆면의 둘레는 몇 cm입니까?

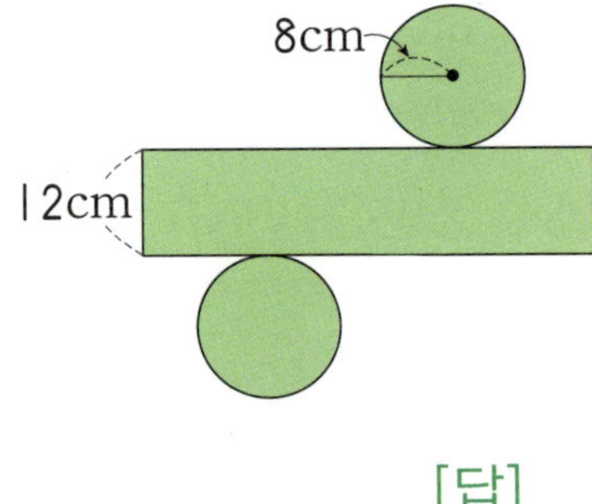

[답]

12 다음 설명 중 옳지 않은 것은 어느 것입니까? (　　　　)

① 원뿔의 꼭짓점은 1개입니다.
② 원기둥의 두 밑면은 서로 평행합니다.
③ 원뿔의 모선의 길이는 모두 같습니다.
④ 원기둥의 높이는 재는 위치에 따라 다릅니다.
⑤ 원기둥의 옆면은 굽은 면으로 둘러싸여 있습니다.

입체도형을 보고 물음에 답하시오. [13~14]

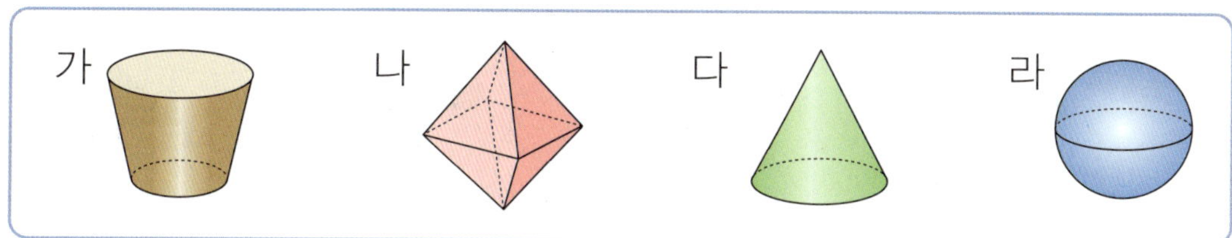

13 회전체를 모두 찾아 쓰시오.

[답]

14 라는 어떤 평면도형을 회전축을 중심으로 하여 한 번 돌려 얻은 것인지 돌린 평면도형을 그려 보시오.

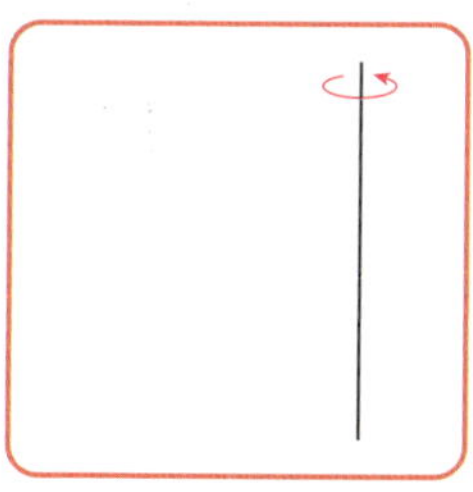

15 회전체의 회전축을 그려 보시오.

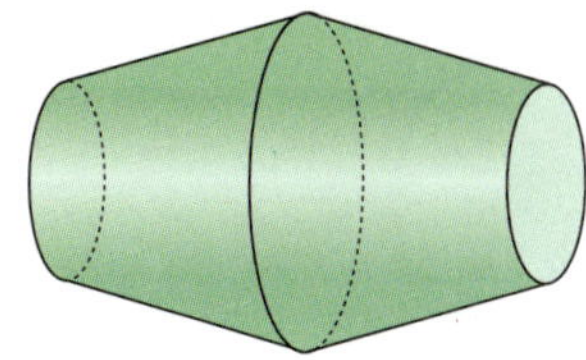

16 평면도형과 관계있는 회전체를 찾아 선으로 이으시오.

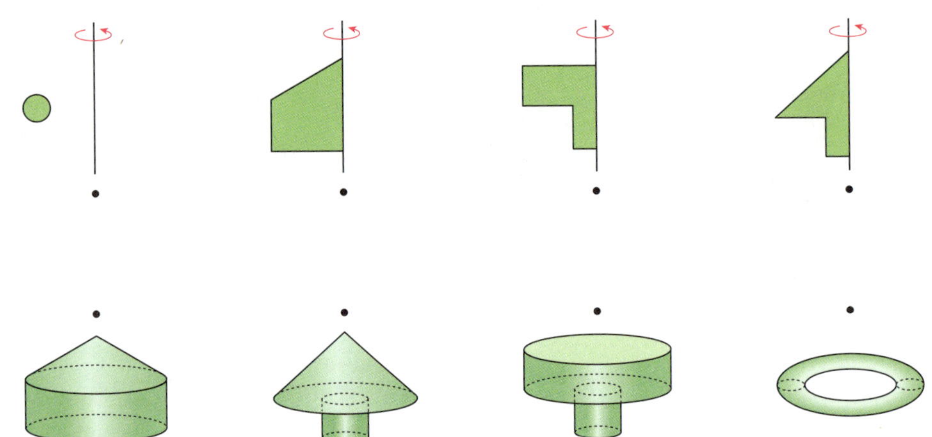

다음 회전체는 어떤 도형을 회전축을 중심으로 하여 한 번 돌려 얻은 것입니다. 돌린 평면도형을 그려 보시오. [17~18]

19 회전축에 수직인 방향으로 자른 것은 어느 것입니까? (   )

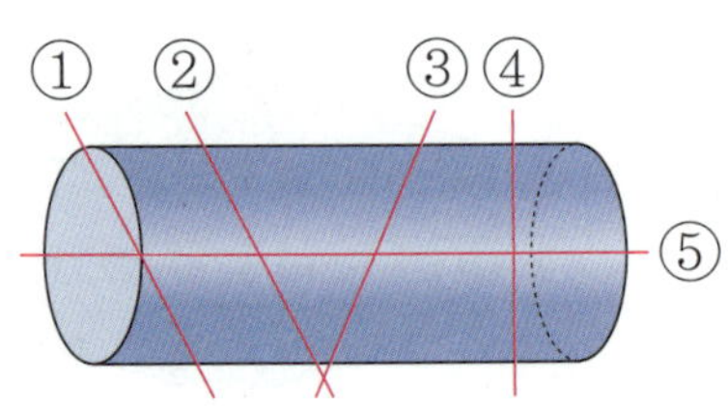

20 회전체를 회전축을 품은 평면으로 자른 단면을 그려 보시오.

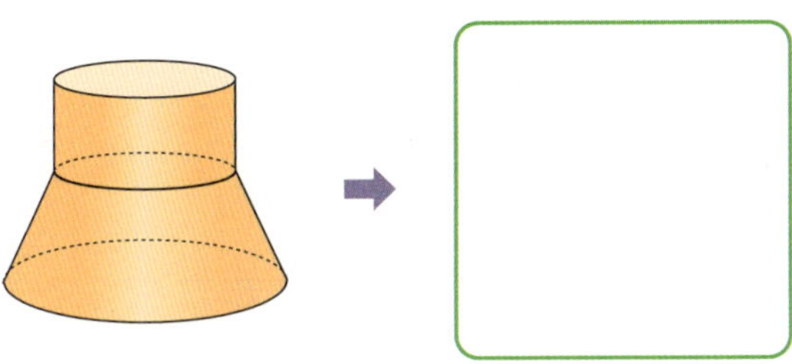

21 회전체를 회전축에 수직인 평면으로 자른 단면을 그려 보시오.

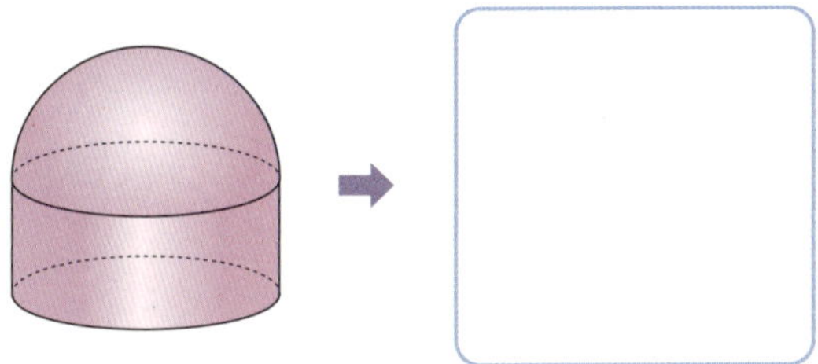

22 회전체를 다음과 같이 잘랐을 때 생기는 단면을 그려 보시오.

23 원기둥을 평면으로 자른 단면이 될 수 있는 것을 모두 찾아 기호를 쓰시오.

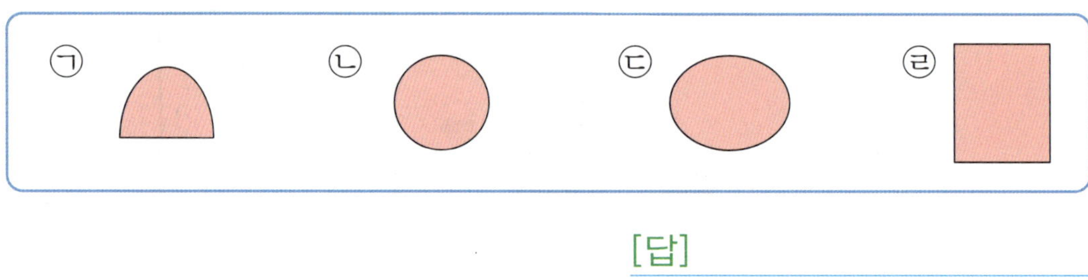

[답]

24 지름이 16cm인 구를 회전축에 수직인 평면으로 잘랐을 때의 가장 큰 단면의 넓이를 구하시오.

[답]

25 다음 평면도형을 회전축을 중심으로 한 번 돌려 얻는 회전체를 회전축을 품은 평면으로 잘랐을 때의 단면의 넓이를 구하시오.

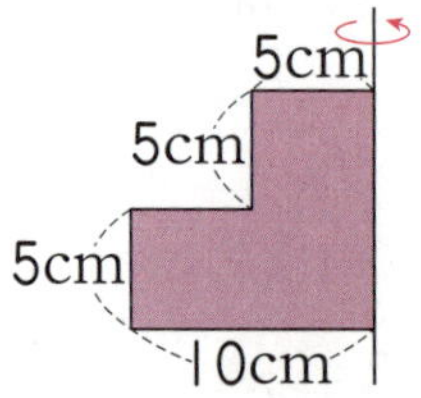

[답]

이름 :
날짜 :
시간 : 시 분 ~ 시 분

◆ 직육면체의 겉넓이와 부피 ◆

1 직육면체의 겉넓이를 구하려고 합니다. □ 안에 알맞은 수를 써넣으시오.

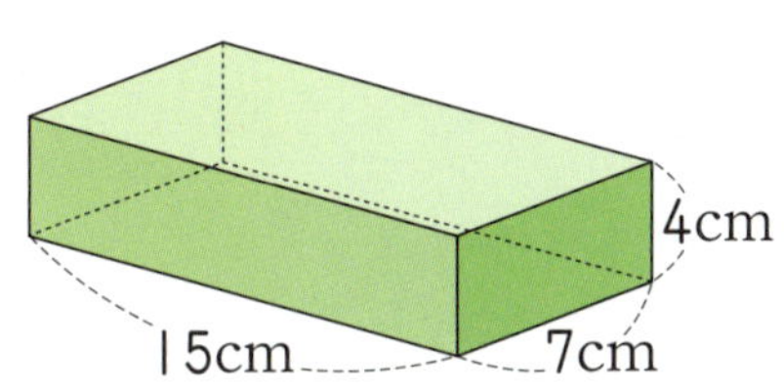

(직육면체의 겉넓이)=(한 밑면의 넓이)×2+(옆넓이)

=□×2+□=□(cm^2)

직육면체의 겉넓이를 구하시오. [2~3]

2

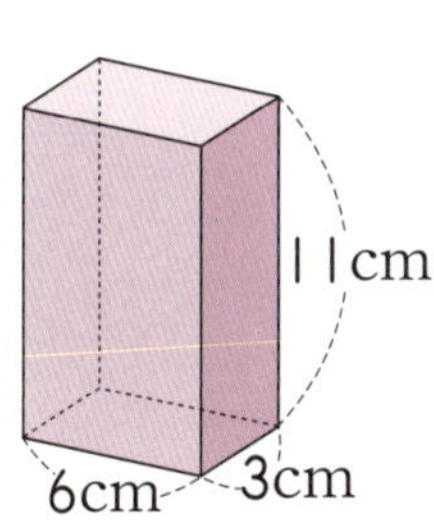

[답]

3

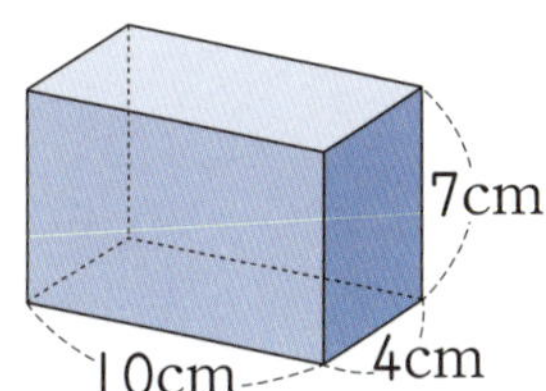

[답]

4 한 모서리의 길이가 9cm인 정육면체의 겉넓이를 구하시오.

[답]

5 겉넓이가 $726cm^2$인 정육면체가 있습니다. 이 정육면체의 한 모서리의 길이는 몇 cm입니까?

[답]

6 같은 크기의 나무 도막을 가 상자에는 25개 담을 수 있고, 나 상자에는 28개 담을 수 있습니다. 부피가 더 큰 상자는 어느 것입니까?

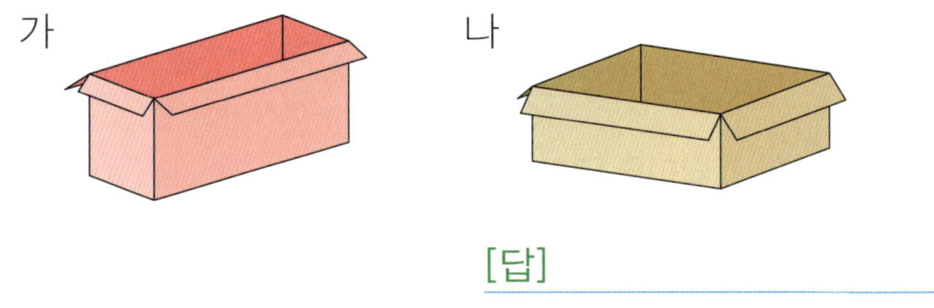

[답]

7 쌓기나무 한 개의 부피가 $1cm^3$일 때, 직육면체의 부피를 구하시오.

[답]

직육면체의 부피를 구하시오. [8~9]

8

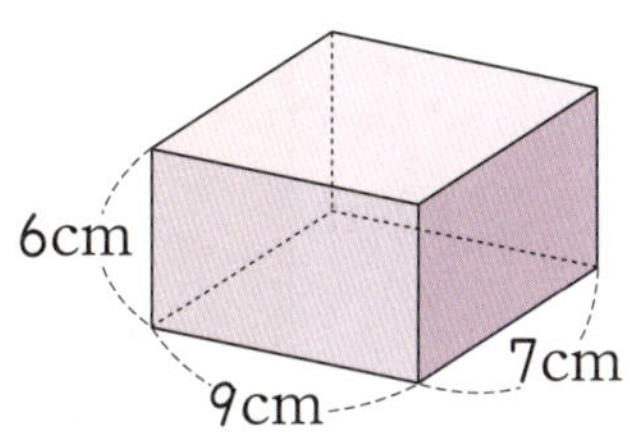

[답]

9

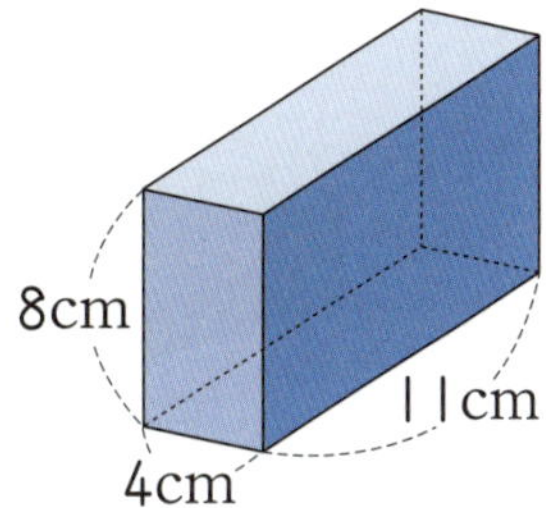

[답]

10 정육면체의 겉넓이와 부피를 구하시오.

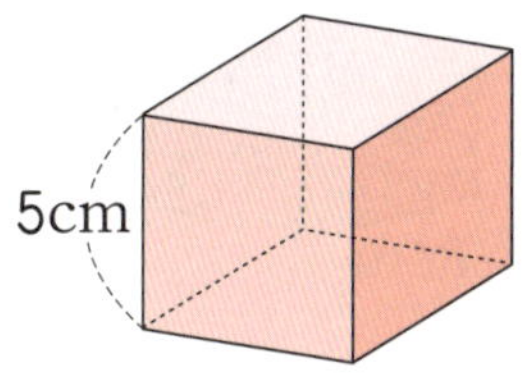

[겉넓이]

[부피]

11 한 밑면의 넓이가 $56cm^2$이고, 부피가 $504cm^3$인 직육면체의 높이는 몇 cm 입니까?

[답]

12 부피가 더 큰 직육면체는 어느 것입니까?

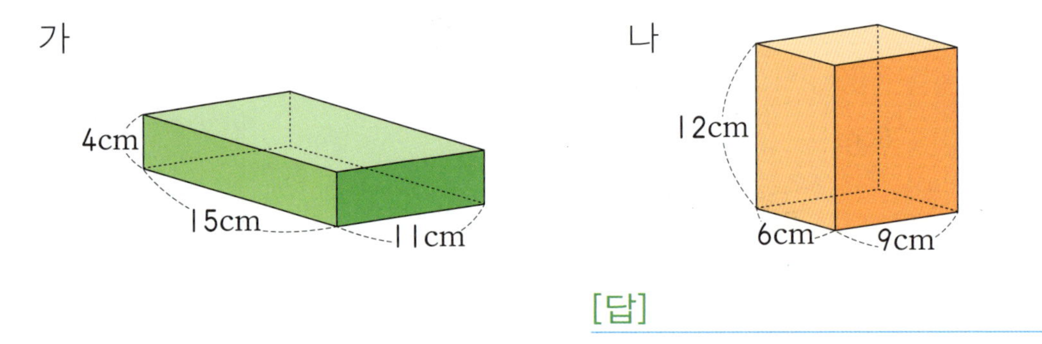

[답]

13 직육면체의 부피는 $1560cm^3$입니다. □ 안에 알맞은 수를 써넣으시오.

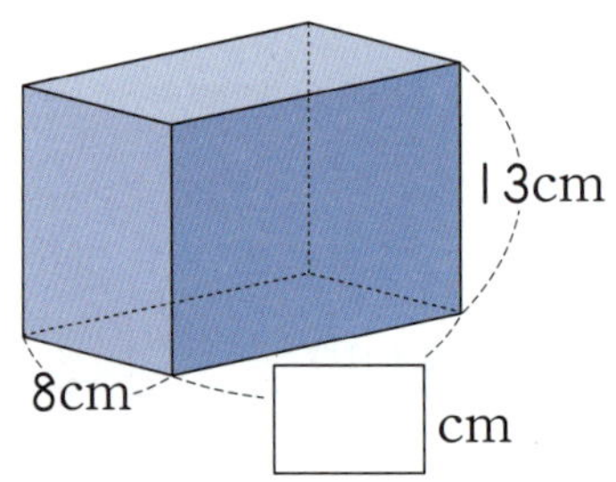

14 나의 부피는 가의 부피의 몇 배입니까?

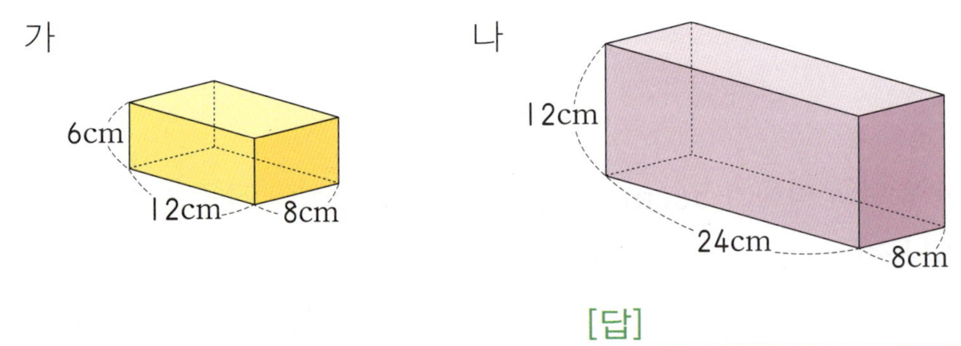

[답]

15 직육면체의 부피는 몇 m^3입니까?

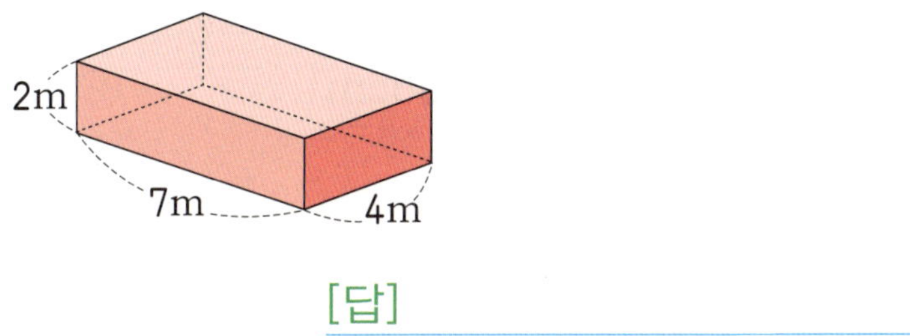

[답]

16 □ 안에 알맞은 수를 써넣으시오.

(1) $13m^3=$ □ cm^3　　(2) $70300000cm^3=$ □ m^3

17 가로, 세로, 높이가 각각 2m, 5m, 250cm인 직육면체의 부피를 m^3와 cm^3로 나타내시오.

[답]

18 가와 나 중에서 어느 것의 부피가 몇 m^3 더 큽니까?

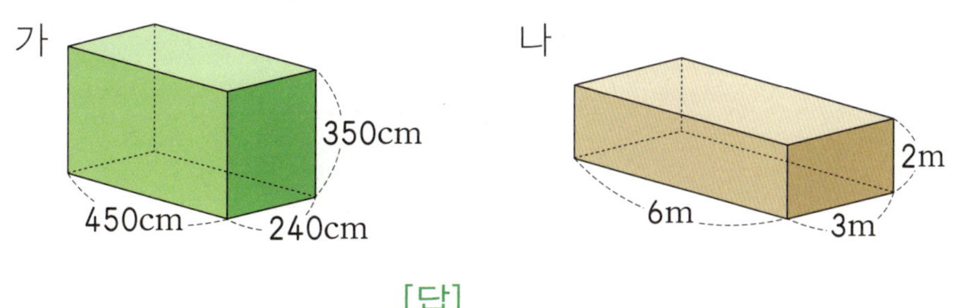

[답]

19 다음 중 부피와 들이 사이의 관계를 잘못 나타낸 것은 어느 것입니까?

( )

① $24\text{m}^3 = 24000000\text{cm}^3$ ② $450000\text{cm}^3 = 0.45\text{m}^3$
③ $8.1\text{mL} = 8.1\text{cm}^3$ ④ $63\text{L} = 6300\text{cm}^3$
⑤ $1.6\text{L} = 1600\text{mL}$

20 직육면체를 위와 앞에서 본 모양입니다. 이 직육면체의 겉넓이를 구하시오.

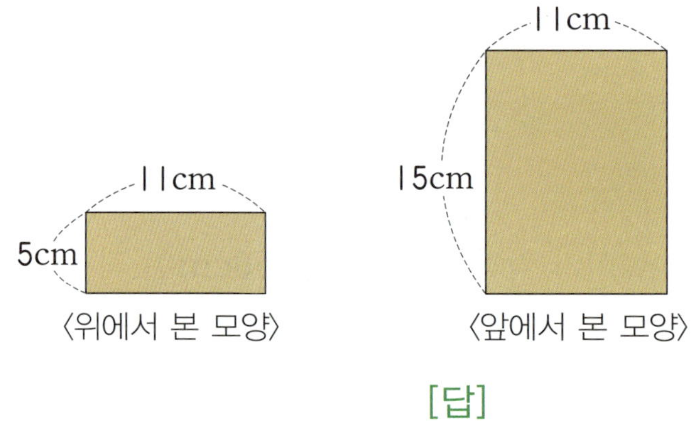

[답]

21 직육면체의 겉넓이가 344cm^2일 때, 직육면체의 높이는 몇 cm입니까?

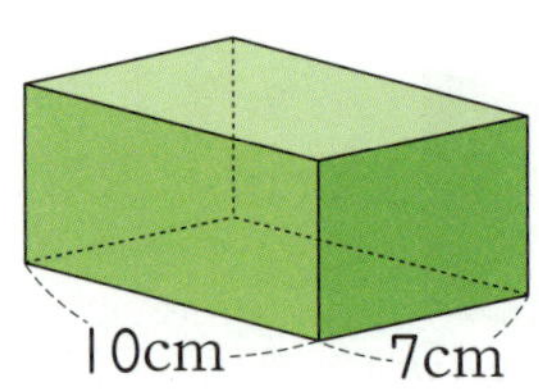

[답]

22 부피가 큰 것부터 차례로 기호를 쓰시오.

㉠ $490000cm^3$	㉡ $3.8m^3$	㉢ $1030000cm^3$	㉣ $2.9m^3$

[답]

23 그릇의 들이는 몇 L입니까?

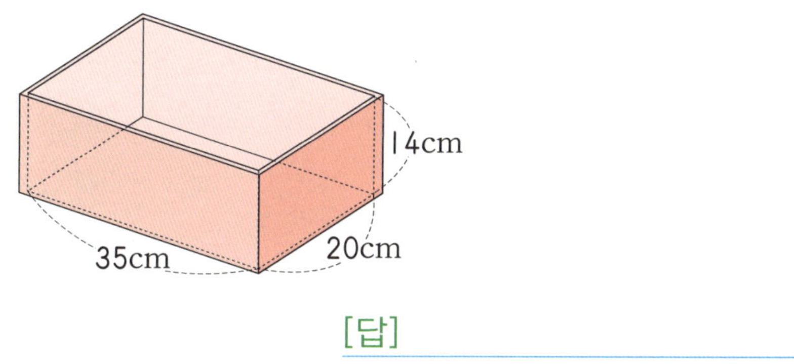

[답]

24 입체도형의 부피를 구하시오.

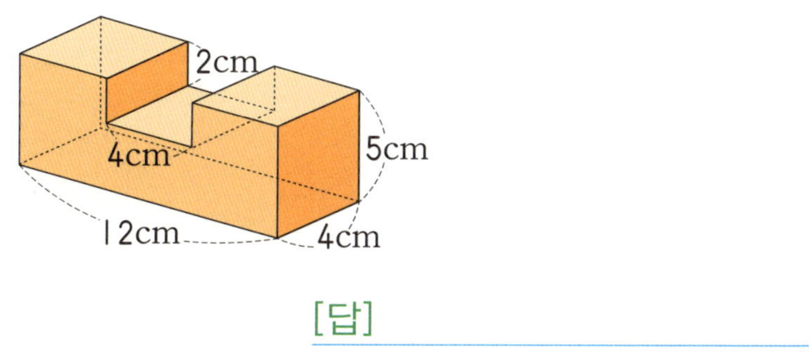

[답]

25 부피가 $27cm^3$인 정육면체의 모서리의 길이를 2배로 늘였을 때 만들어지는 정육면체의 부피는 몇 cm^3입니까?

[답]

26 그림과 같이 물이 들어 있는 직육면체 모양의 그릇에 돌을 넣었더니 물의 높이가 3cm만큼 높아졌습니다. 돌의 부피는 몇 cm^3입니까?

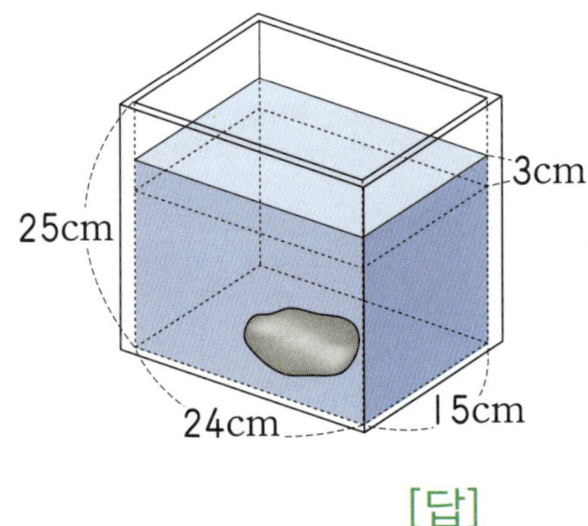

[답]

27 다음 그릇에 물을 2.7L 부었습니다. 물의 높이는 몇 cm가 됩니까?

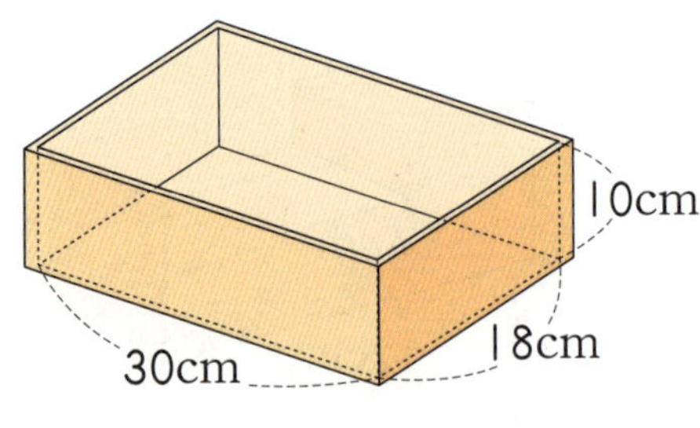

[답]

이름 :

날짜 :

시간 : 시 분 ~ 시 분

창의력 학습

어머니가 가래떡을 자른 단면을 바르게 그린 아들을 찾아 ○표 하시오.

가래떡은 이렇게 비스듬하게
잘라야 맛있지.

( ) ( ) ( )

재훈이가 정육면체 모양의 나무 도막을 다음과 같이 잘라 4개의 똑같은 직육면체 모양의 나무 도막으로 만들었습니다. 물음에 답하시오.

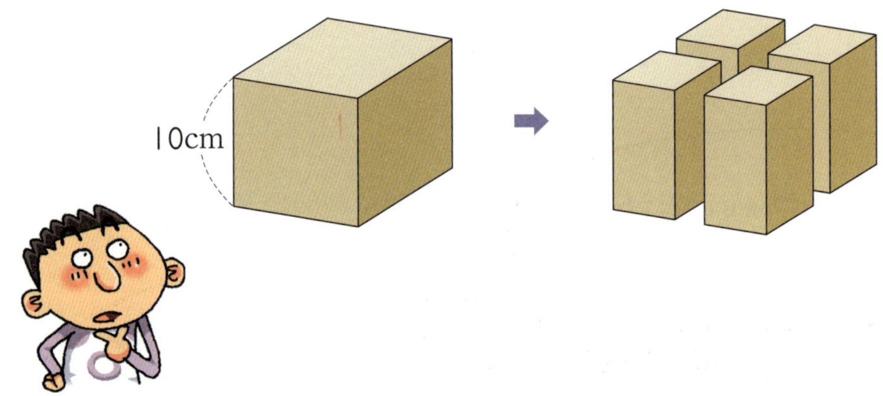

(1) 정육면체 모양의 나무 도막의 겉넓이와 4개의 직육면체 모양의 나무 도막의 겉넓이를 비교하시오.

[답]

(2) 정육면체 모양의 나무 도막의 부피와 4개의 직육면체 모양의 나무 도막의 부피를 비교하시오.

[답]

★ 이름 :
★ 날짜 :
★ 시간 : 시 분 ~ 시 분

경시대회 예상문제

1 몫의 크기를 비교하여 큰 것부터 차례로 기호를 쓰시오.

㉠ $1.85 \div \frac{1}{2}$	㉡ $9.45 \div 2\frac{1}{4}$
㉢ $2.07 \div \frac{3}{5}$	㉣ $4.03 \div 1\frac{3}{10}$

[답]

2 사다리꼴의 넓이가 12.6cm^2일 때, 사다리꼴의 높이를 구하시오.

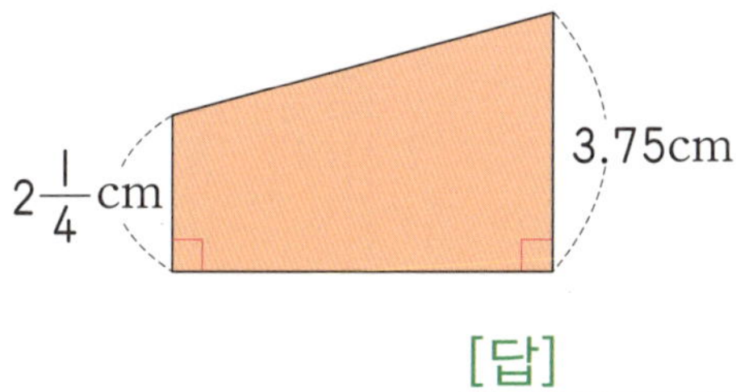

[답]

3 ㉠◆㉡이 다음과 같을 때, $2\frac{1}{2}$◆4.25를 구하시오.

㉠◆㉡=(㉠+㉡÷㉠)×㉡

[답]

4 다음 원기둥의 전개도에서 옆면의 둘레가 91.36cm일 때, 원기둥의 한 밑면의 넓이를 구하시오.

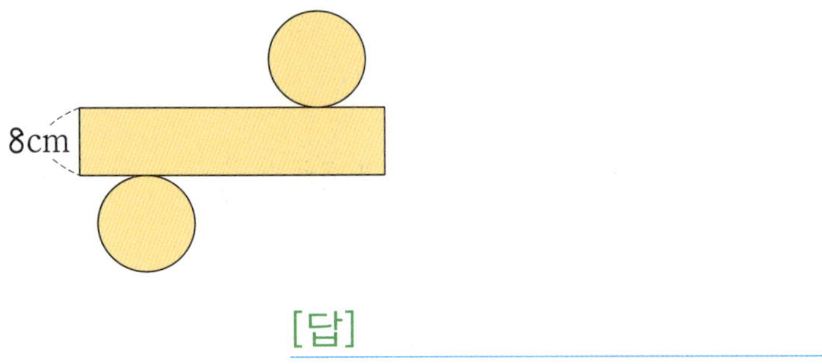

[답]

5 다음 회전체는 어떤 평면도형을 회전축을 중심으로 하여 한 번 돌려 얻은 것입니다. 돌린 평면도형을 그려 보시오.

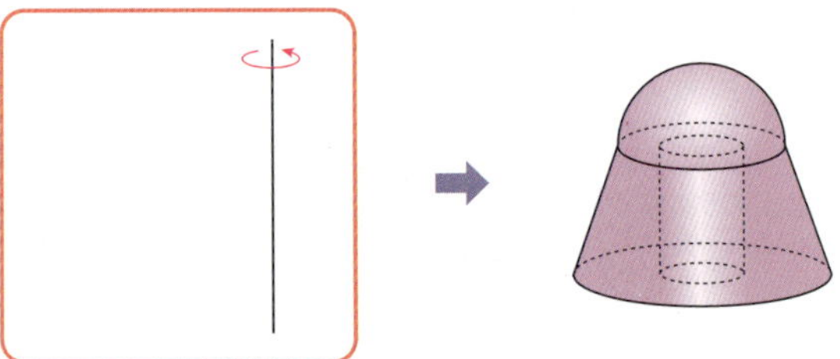

6 다음 평면도형을 회전축을 중심으로 하여 한 번 돌렸을 때, 얻는 입체도형을 그려 보시오.

7 회전체를 회전축을 품은 평면으로 자른 단면을 그려 보시오.

8 다음 평면도형을 회전축을 중심으로 한 번 돌렸을 때 얻는 회전체를 회전축을 품은 평면으로 잘랐을 때의 단면의 넓이는 몇 cm^2입니까?

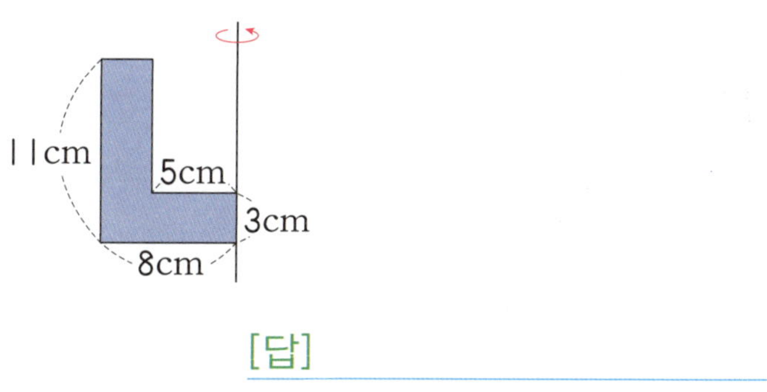

[답]

서술형·논술형

9 겉넓이가 864cm^2인 정육면체의 부피는 몇 cm^3인지 풀이 과정을 쓰고 답을 구하시오.

[답]

10 입체도형의 부피를 구하시오.

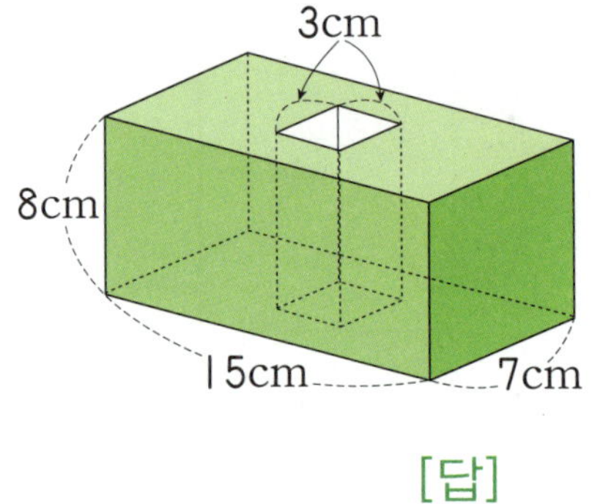

[답]

서술형·논술형

11 다음과 같은 그릇에 부피가 똑같은 구슬을 8개 넣었더니 물의 높이가 5cm 만큼 높아졌습니다. 구슬 한 개의 부피는 몇 cm^3인지 풀이 과정을 쓰고 답을 구하시오.

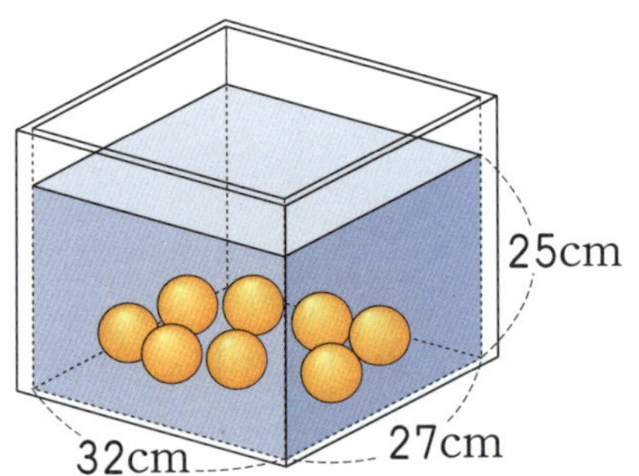

[답]

기탄사고력수학 성취도 테스트

J181a~J240b (제한 시간 : 40분)

이름

날짜

정답 수

□ 20~18문항 : Ⓐ 아주 잘함	학습한 교재에 대한 성취도가 매우 높습니다.	➡ 다음 단계인 J5로 진행하십시오.
□ 17~15문항 : Ⓑ 잘함	학습한 교재에 대한 성취도가 충분합니다.	➡ 다음 단계인 J5로 진행하십시오.
□ 14~12문항 : Ⓒ 보통	다음 단계로 나가는 능력이 약간 부족합니다.	➡ J4를 복습한 다음 J5로 진행하십시오.
□ 11문항 이하 : Ⓓ 부족함	다음 단계로 나가기에는 능력이 아주 부족합니다.	➡ J4를 처음부터 다시 학습하십시오.

1 다음을 계산하시오.

(1) $3.8 \div 4\frac{3}{4}$

(2) $2\frac{4}{5} \div 0.56$

2 빈칸에 알맞은 수를 써넣으시오.

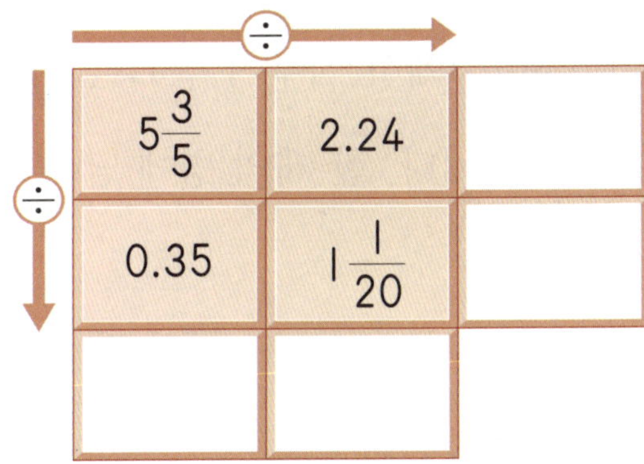

3 형종이의 몸무게는 52.8kg이고, 동생의 몸무게는 $38\frac{2}{5}$kg입니다. 형종이의 몸무게는 동생의 몸무게의 몇 배입니까?

[답]

4 계산하는 순서를 나타내고, 계산하시오.

(1) $3\frac{1}{5}+2.5\times\frac{1}{2}$

(2) $3.4\div(2\frac{1}{4}-1.4)$

5 다음을 계산하시오.

(1) $(\frac{4}{5}-0.4)\div4+\frac{49}{50}\times1\frac{3}{7}$

(2) $(2.3+3\frac{3}{4}-4.25)\div\frac{8}{25}\times\frac{2}{3}$

6 주스가 4.6L 있습니다. 이 중에서 지후가 $\frac{1}{5}$L를 마시고 남은 주스를 병 4개에 똑같이 나누어 담았습니다. 한 개의 병에 담은 주스는 몇 L입니까?

[답]

7 원뿔을 찾아 쓰시오.

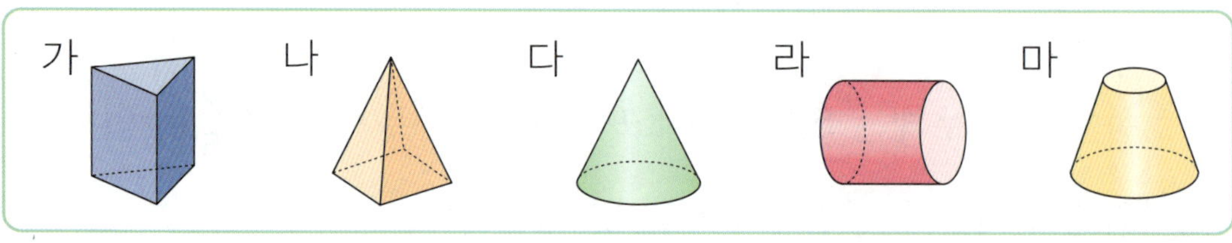

[답]

8 원기둥의 전개도에서 옆면의 둘레가 107.92cm일 때, 원기둥의 높이는 몇 cm입니까?

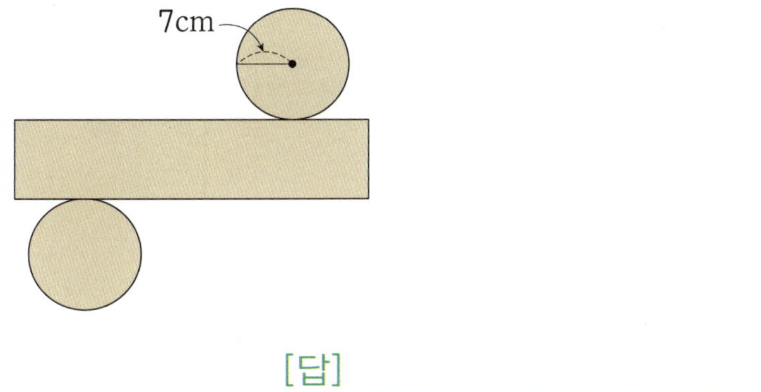

[답]

9 원뿔에 대한 설명으로 옳은 것을 모두 찾아 기호를 쓰시오.

㉠ 원뿔의 밑면은 원입니다.
㉡ 원뿔의 옆면은 평면입니다.
㉢ 원뿔의 꼭짓점은 1개입니다.
㉣ 원뿔의 모선의 길이는 모두 다릅니다.

[답]

10 회전체의 회전축을 그려 보시오.

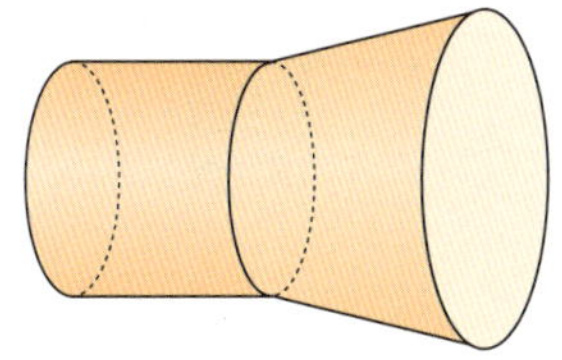

11 다음 회전체는 어떤 도형을 회전축을 중심으로 하여 한 번 돌려 얻은 것입니다. 돌린 평면도형을 그려 보시오.

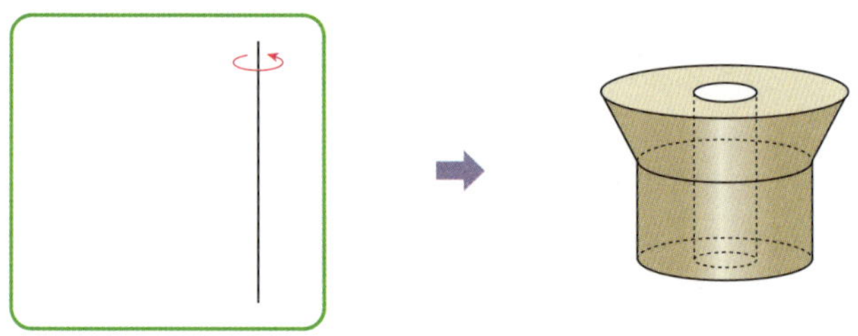

12 회전체를 회전축을 품은 평면으로 자른 단면을 그려 보시오.

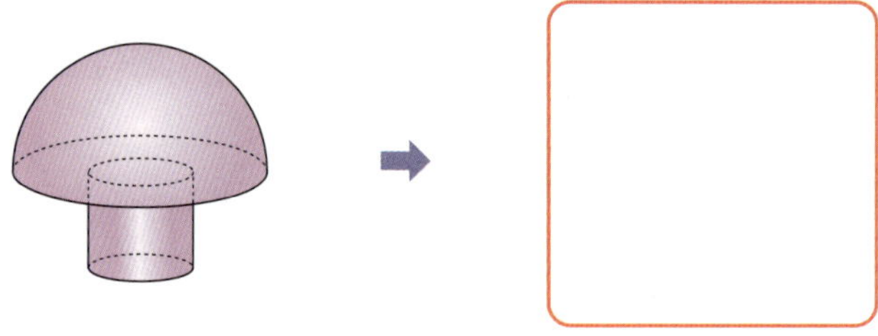

13 다음 평면도형을 회전축을 중심으로 한 번 돌려 얻는 회전체를 회전축을 품은 평면으로 잘랐을 때의 단면의 넓이를 구하시오.

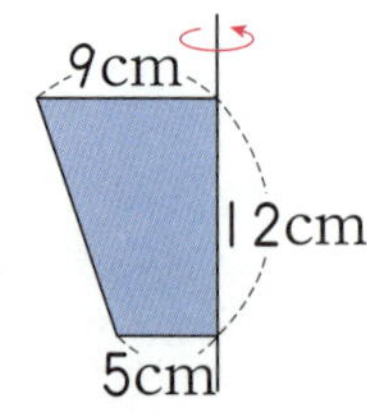

[답]

14 직육면체의 겉넓이를 구하시오.

(1)

3cm
12cm
10cm

[답]

(2)

11cm
7cm
4cm

[답]

15 직육면체의 부피를 구하시오.

(1)

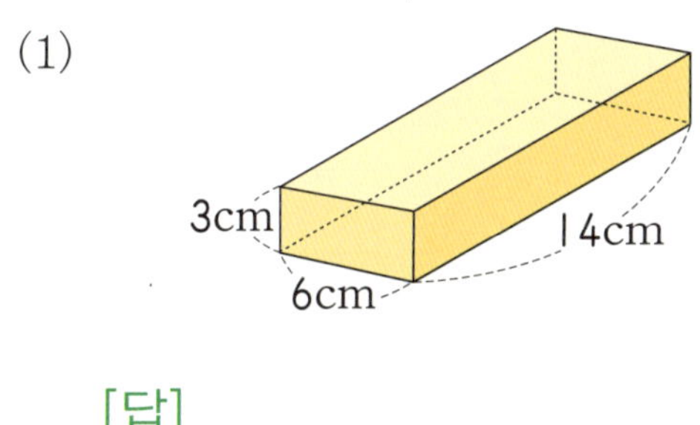

[답]

(2)

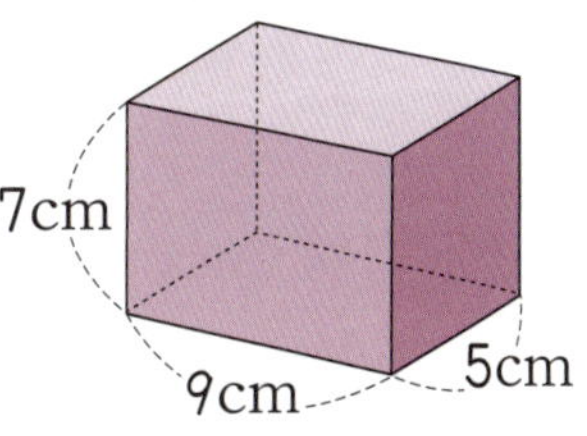

[답]

16 나의 부피는 가의 부피의 몇 배입니까?

가

2cm
7cm
5cm

나

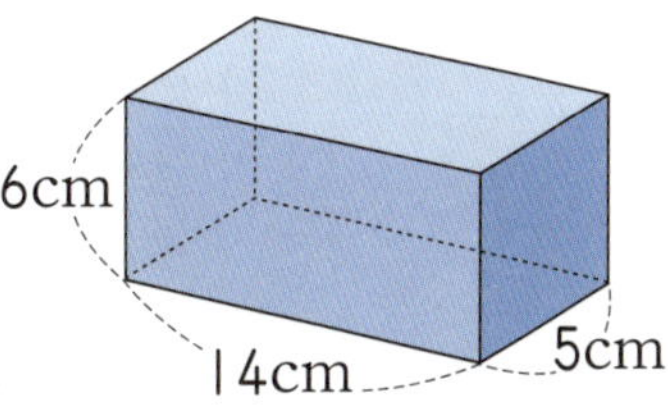

[답]

17 겉넓이가 384cm^2인 정육면체의 부피를 구하시오.

[답]

18 직육면체의 부피는 몇 m^3입니까?

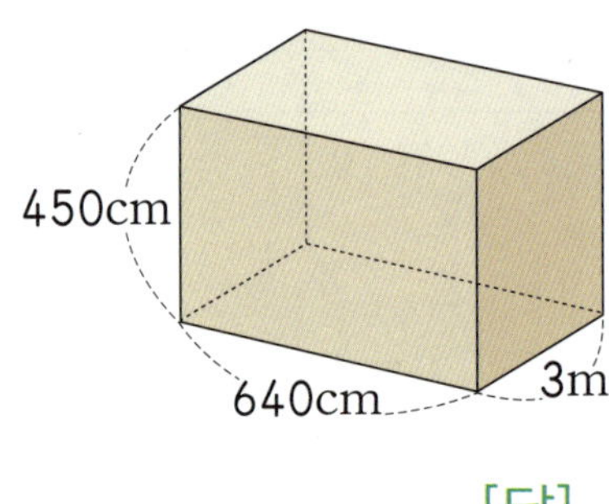

[답]

19 □ 안에 알맞은 수를 써넣으시오.

(1) 10m^3= □ cm^3 (2) 4500000cm^3= □ m^3

(3) 6.7L= □ cm^3 (4) 1.8mL= □ cm^3

20 직육면체 모양의 그릇에 물을 6.3L 부었을 때, 물의 높이는 몇 cm가 됩니까?

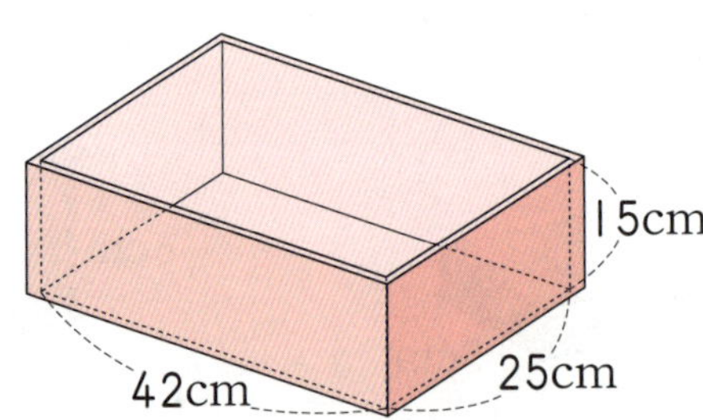

[답]

사고력도 탄탄! 창의력도 탄탄!
기탄 사고력 수학

해답

J181a~J240b

해답은 따로 보관하고 있다가
채점할 때 사용해 주세요.

181a~181b

1 0.6, 4

2 24, 24, $\frac{5}{3}$, 4

3 1.5, 2.9

4 435, 3, 435, 3, 29, $2\frac{9}{10}$

5 0.4, 4.5

6 1.5, 2.28

7 36, 36, $\frac{4}{3}$, 24, $4\frac{4}{5}$

8 297, 9, 297, $\frac{4}{9}$, $\frac{33}{25}$, $1\frac{8}{25}$

182a~182b

1 1.6 또는 $1\frac{3}{5}$

풀이 $0.8\div\frac{1}{2}=0.8\div0.5=1.6$

[다른 풀이]

$$0.8\div\frac{1}{2}=\frac{8}{10}\div\frac{1}{2}=\frac{8}{\underset{5}{\cancel{10}}}\times\frac{\overset{1}{\cancel{2}}}{1}=\frac{8}{5}=1\frac{3}{5}$$

2 3

풀이 $2.4\div\frac{4}{5}=2.4\div0.8=3$

[다른 풀이]

$$2.4\div\frac{4}{5}=\frac{24}{10}\div\frac{4}{5}=\frac{\overset{\overset{3}{\cancel{6}}}{\cancel{24}}}{\underset{\underset{1}{\cancel{2}}}{\cancel{10}}}\times\frac{\overset{1}{\cancel{5}}}{\underset{1}{\cancel{4}}}=3$$

3 1.8 또는 $1\frac{4}{5}$

풀이 $0.81\div\frac{9}{20}=0.81\div0.45=1.8$

[다른 풀이]

$$0.81\div\frac{9}{20}=\frac{81}{100}\div\frac{9}{20}=\frac{\overset{9}{\cancel{81}}}{\underset{5}{\cancel{100}}}\times\frac{\overset{1}{\cancel{20}}}{\underset{1}{\cancel{9}}}$$

$$=\frac{9}{5}=1\frac{4}{5}$$

4 1.64 또는 $1\frac{16}{25}$

풀이 $1.23\div\frac{3}{4}=1.23\div0.75=1.64$

[다른 풀이]

$$1.23\div\frac{3}{4}=\frac{123}{100}\div\frac{3}{4}=\frac{\overset{41}{\cancel{123}}}{\underset{25}{\cancel{100}}}\times\frac{\overset{1}{\cancel{4}}}{\underset{1}{\cancel{3}}}$$

$$=\frac{41}{25}=1\frac{16}{25}$$

5 4.5 또는 $4\frac{1}{2}$

풀이 $6.3\div1\frac{2}{5}=6.3\div1.4=4.5$

[다른 풀이]

$$6.3\div1\frac{2}{5}=\frac{63}{10}\div\frac{7}{5}=\frac{\overset{9}{\cancel{63}}}{\underset{2}{\cancel{10}}}\times\frac{\overset{1}{\cancel{5}}}{\underset{1}{\cancel{7}}}$$

$$=\frac{9}{2}=4\frac{1}{2}$$

6 0.48 또는 $\frac{12}{25}$

풀이 $0.72\div1\frac{1}{2}=0.72\div1.5=0.48$

[다른 풀이]

$$0.72\div1\frac{1}{2}=\frac{72}{100}\div\frac{3}{2}=\frac{\overset{\overset{12}{\cancel{24}}}{\cancel{72}}}{\underset{\underset{25}{\cancel{50}}}{\cancel{100}}}\times\frac{\overset{1}{\cancel{2}}}{\underset{1}{\cancel{3}}}=\frac{12}{25}$$

7 3.6 또는 $3\frac{3}{5}$

풀이 $6.48\div1\frac{4}{5}=6.48\div1.8=3.6$

[다른 풀이]

$$6.48\div1\frac{4}{5}=\frac{648}{100}\div\frac{9}{5}=\frac{\overset{\overset{18}{\cancel{72}}}{\cancel{648}}}{\underset{\underset{5}{\cancel{20}}}{\cancel{100}}}\times\frac{\overset{1}{\cancel{5}}}{\underset{1}{\cancel{9}}}$$

$$=\frac{18}{5}=3\frac{3}{5}$$

8 1.04 또는 $1\frac{1}{25}$

풀이 $2.73 \div 2\frac{5}{8} = 2.73 \div 2.625 = 1.04$

[다른 풀이]

$2.73 \div 2\frac{5}{8} = \frac{273}{100} \div \frac{21}{8} = \frac{\overset{13}{\cancel{273}}}{\underset{25}{\cancel{100}}} \times \frac{\overset{2}{\cancel{8}}}{\underset{1}{\cancel{21}}}$

$= \frac{26}{25} = 1\frac{1}{25}$

9 1.1 또는 $1\frac{1}{10}$

풀이 $2.97 \div 2\frac{7}{10} = 2.97 \div 2.7 = 1.1$

[다른 풀이]

$2.97 \div 2\frac{7}{10} = \frac{297}{100} \div \frac{27}{10} = \frac{\overset{11}{\cancel{297}}}{\underset{10}{\cancel{100}}} \times \frac{\overset{1}{\cancel{10}}}{\underset{1}{\cancel{27}}}$

$= \frac{11}{10} = 1\frac{1}{10}$

10 1.24 또는 $1\frac{6}{25}$

풀이 $4.65 \div 3\frac{3}{4} = 4.65 \div 3.75 = 1.24$

[다른 풀이]

$4.65 \div 3\frac{3}{4} = \frac{465}{100} \div \frac{15}{4} = \frac{\overset{31}{\cancel{465}}}{\underset{25}{\cancel{100}}} \times \frac{\overset{1}{\cancel{4}}}{\underset{1}{\cancel{15}}}$

$= \frac{31}{25} = 1\frac{6}{25}$

11 0.48 또는 $\frac{12}{25}$

풀이 $1.5 \div 3\frac{1}{8} = 1.5 \div 3.125 = 0.48$

[다른 풀이]

$1.5 \div 3\frac{1}{8} = \frac{15}{10} \div \frac{25}{8} = \frac{\overset{3}{\cancel{15}}}{\underset{5}{\cancel{10}}} \times \frac{\overset{4}{\cancel{8}}}{\underset{5}{\cancel{25}}} = \frac{12}{25}$

12 ㉡

풀이 ㉠ $11.07 \div 2\frac{1}{4} = 11.07 \div 2.25$

$= 4.92$

㉡ $6.42 \div 1\frac{1}{5} = 6.42 \div 1.2 = 5.35$

➡ ㉠ < ㉡

13 2.4

풀이 $\square \times 5\frac{1}{4} = 12.6$

$\square = 12.6 \div 5\frac{1}{4} = 12.6 \div 5.25 = 2.4$

183a~183b

1 $2.7 \div \frac{3}{10} = 9$, 9일

풀이 $2.7 \div \frac{3}{10} = 2.7 \div 0.3 = 9$(일)

2 $1.8 \div \frac{9}{10} = 2$, 2m

풀이 $1.8 \div \frac{9}{10} = 1.8 \div 0.9 = 2$(m)

3 $6.25 \div \frac{5}{8} = 10$, 10시간

풀이 $6.25 \div \frac{5}{8} = \frac{625}{100} \div \frac{5}{8}$

$= \frac{\overset{\overset{5}{\cancel{125}}}{\cancel{625}}}{\underset{\underset{1}{\cancel{25}}}{\cancel{100}}} \times \frac{\overset{2}{\cancel{8}}}{\underset{1}{\cancel{5}}} = 10$(시간)

4 $4.75 \div 3\frac{1}{8} = 1\frac{13}{25}$, $1\frac{13}{25}$배 또는 1.52배

풀이 $4.75 \div 3\frac{1}{8} = \frac{475}{100} \div \frac{25}{8}$

$= \frac{\overset{19}{\cancel{475}}}{\underset{25}{\cancel{100}}} \times \frac{\overset{2}{\cancel{8}}}{\underset{1}{\cancel{25}}}$

$= \frac{38}{25} = 1\frac{13}{25}$(배)

5 3.12cm 또는 $3\frac{3}{25}$cm

풀이 직사각형의 가로를 □cm라고 하면

(직사각형의 넓이)$= \square \times 1\frac{1}{2} = 4.68$

$\square = 4.68 \div 1\frac{1}{2} = 4.68 \div 1.5 = 3.12$(cm)

6 $77\frac{2}{5}$km 또는 77.4km

풀이 $141.9 \div 1\frac{5}{6} = \frac{1419}{10} \div \frac{11}{6}$

$= \frac{\overset{129}{\cancel{1419}}}{\underset{5}{\cancel{10}}} \times \frac{\overset{3}{\cancel{6}}}{\underset{1}{\cancel{11}}}$

$= \frac{387}{5} = 77\frac{2}{5}$(km)

7 $6\frac{1}{20}$ 또는 6.05

풀이 어떤 수를 □라고 하면

$\square \times 1\frac{3}{5} = 9.68$

$\square = 9.68 \div 1\frac{3}{5} = \frac{968}{100} \div \frac{8}{5} = \frac{\overset{121}{\cancel{968}}}{\underset{20}{\cancel{100}}} \times \frac{\overset{1}{\cancel{5}}}{\underset{1}{\cancel{8}}}$

$= \frac{121}{20} = 6\frac{1}{20}$

8 $1\frac{3}{4}$배 또는 1.75배

풀이 $2.45 \div 1\frac{2}{5} = \frac{245}{100} \div \frac{7}{5} = \frac{\overset{7}{\cancel{\overset{35}{\cancel{245}}}}}{\underset{4}{\cancel{\underset{20}{\cancel{100}}}}} \times \frac{\overset{1}{\cancel{5}}}{\underset{1}{\cancel{7}}}$

$= \frac{7}{4} = 1\frac{3}{4}$(배)

184a~184b

1 8, 8, $\frac{3}{4}$

2 0.6, 0.75

3 9, 3, 9, 5, $1\frac{2}{3}$

4 1.7

풀이 $1\frac{1}{2} \div 0.9 = 1.5 \div 0.9 = 1.66\cdots\cdots$

➡ 1.7

5 14, 7, $\frac{10}{14}$, 5, $1\frac{1}{4}$

6 1.5, 0.625

7 $2\frac{1}{5} \div 0.6 = 2.2 \div 0.6 = 3.66\cdots\cdots$

➡ 3.7

8 $4\frac{3}{4} \div 1.8 = 4.75 \div 1.8 = 2.63\cdots\cdots$

➡ 2.6

185a~185b

1 $1\frac{1}{2}$ 또는 1.5

풀이 $\frac{3}{5} \div 0.4 = \frac{3}{5} \div \frac{4}{10} = \frac{3}{\underset{1}{\cancel{5}}} \times \frac{\overset{1}{\cancel{\overset{2}{\cancel{10}}}}}{\underset{2}{\cancel{4}}} = \frac{3}{2}$

$= 1\frac{1}{2}$

[다른 풀이]

$\frac{3}{5} \div 0.4 = 0.6 \div 0.4 = 1.5$

2 $\frac{1}{4}$ 또는 0.25

풀이 $\frac{3}{8} \div 1.5 = \frac{3}{8} \div \frac{15}{10} = \frac{\overset{1}{\cancel{3}}}{\underset{4}{\cancel{8}}} \times \frac{\overset{1}{\cancel{\overset{5}{\cancel{10}}}}}{\underset{1}{\cancel{\underset{5}{\cancel{15}}}}} = \frac{1}{4}$

[다른 풀이]

$\frac{3}{8} \div 1.5 = 0.375 \div 1.5 = 0.25$

3 $12\frac{1}{2}$ 또는 12.5

풀이 $2\frac{1}{2} \div 0.2 = 2\frac{1}{2} \div \frac{2}{10} = \frac{5}{\underset{1}{\cancel{2}}} \times \frac{\overset{5}{\cancel{10}}}{2}$

$= \frac{25}{2} = 12\frac{1}{2}$

[다른 풀이]

$2\frac{1}{2} \div 0.2 = 2.5 \div 0.2 = 12.5$

4 $\frac{4}{5}$ 또는 0.8

풀이 $3\frac{3}{5} \div 4.5 = 3\frac{3}{5} \div \frac{45}{10} = \frac{\overset{2}{\cancel{18}}}{\underset{1}{\cancel{5}}} \times \frac{\overset{2}{\cancel{10}}}{\underset{5}{\cancel{45}}}$

$= \frac{4}{5}$

[다른 풀이]

$3\frac{3}{5} \div 4.5 = 3.6 \div 4.5 = 0.8$

5 8.3

풀이 $2\frac{1}{2} \div 0.3 = 2.5 \div 0.3 = 8.33\cdots\cdots$

➡ 8.3

6 1.2

풀이 $1\frac{3}{4} \div 1.5 = 1.75 \div 1.5 = 1.16\cdots\cdots$

➡ 1.2

7 1.9

풀이 $4\frac{3}{5} \div 2.4 = 4.6 \div 2.4 = 1.91\cdots\cdots$

➡ 1.9

8 3.2

풀이 $3\frac{7}{8} \div 1.22 = 3.875 \div 1.22$

$= 3.17\cdots\cdots$

➡ 3.2

9 $1\frac{7}{25}$ 또는 1.28

풀이 $3\frac{1}{5} \div 2.5 = 3\frac{1}{5} \div \frac{25}{10} = \frac{16}{5} \times \frac{10}{25}$

$= \frac{32}{25} = 1\frac{7}{25}$

[다른 풀이]

$3\frac{1}{5} \div 2.5 = 3.2 \div 2.5 = 1.28$

10 =

풀이 $3\frac{3}{8} \div 1.8 = 3\frac{3}{8} \div \frac{18}{10} = \frac{27}{8} \times \frac{10}{18}$

$= \frac{15}{8} = 1\frac{7}{8}$

$5\frac{1}{4} \div 2.8 = 5\frac{1}{4} \div \frac{28}{10} = \frac{21}{4} \times \frac{10}{28} = \frac{15}{8}$

$= 1\frac{7}{8}$

➡ $1\frac{7}{8} = 1\frac{7}{8}$

11 ㉣

풀이 ㉠ $\frac{7}{8} \div 3.5 = 0.875 \div 3.5 = 0.25$

㉡ $2\frac{1}{4} \div 0.9 = 2.25 \div 0.9 = 2.5$

㉢ $2\frac{3}{4} \div 2.2 = 2.75 \div 2.2 = 1.25$

㉣ $3\frac{1}{2} \div 1.5 = 3.5 \div 1.5 = 2.333\cdots\cdots$

따라서 소수로 나누어떨어지지 않는 것은 ㉣입니다.

186a~186b

1 $4\frac{1}{2} \div 0.3 = 15$, 15개

풀이 $4\frac{1}{2} \div 0.3 = 4\frac{1}{2} \div \frac{3}{10}$

$= \frac{9}{2} \times \frac{10}{3} = 15$(개)

2 $6\frac{2}{5} \div 1.6 = 4$, 4도막

풀이 $6\frac{2}{5} \div 1.6 = 6\frac{2}{5} \div \frac{16}{10}$

$= \frac{32}{5} \times \frac{10}{16} = 4$(도막)

3 $8\frac{1}{20} \div 2.3 = 3\frac{1}{2}$, $3\frac{1}{2}$m 또는 3.5m

풀이 $8\frac{1}{20} \div 2.3 = 8\frac{1}{20} \div \frac{23}{10}$

$= \frac{161}{20} \times \frac{10}{23}$

$= \frac{7}{2} = 3\frac{1}{2}$(m)

4 $5\frac{3}{5} \div 2.52 = 2\frac{2}{9}$, $2\frac{2}{9}\text{m}^2$

풀이 $5\frac{3}{5} \div 2.52 = 5\frac{3}{5} \div \frac{252}{100}$

$$=\frac{\cancel{28}^{1}}{\cancel{5}_{1}}\times\frac{\cancel{100}^{20}}{\cancel{252}_{9}}$$

$$=\frac{20}{9}=2\frac{2}{9}(\mathrm{m}^2)$$

5 5명

풀이 $3\frac{1}{4}\div0.65=3\frac{1}{4}\div\frac{65}{100}$

$$=\frac{\cancel{13}^{1}}{\cancel{4}_{1}}\times\frac{\cancel{\cancel{100}}^{\cancel{25}^{5}}}{\cancel{\cancel{65}}_{\cancel{5}_{1}}}=5(\text{명})$$

6 $1\frac{1}{2}$ 또는 1.5

풀이 어떤 수를 □라고 하면

$\square\times2.8=4\frac{1}{5}$

$\square=4\frac{1}{5}\div2.8=4\frac{1}{5}\div\frac{28}{10}$

$$=\frac{\cancel{21}^{3}}{\cancel{5}_{1}}\times\frac{\cancel{\cancel{10}}^{\cancel{2}^{1}}}{\cancel{\cancel{28}}_{\cancel{4}_{2}}}=\frac{3}{2}=1\frac{1}{2}$$

7 $4\frac{1}{2}$분 또는 4.5분

풀이 $20\frac{1}{4}\div4.5=20\frac{1}{4}\div\frac{45}{10}$

$$=\frac{\cancel{81}^{9}}{\cancel{4}_{2}}\times\frac{\cancel{\cancel{10}}^{\cancel{5}^{1}}}{\cancel{\cancel{45}}_{\cancel{5}_{1}}}$$

$$=\frac{9}{2}=4\frac{1}{2}(\text{분})$$

8 $2\frac{8}{21}$배

풀이 $3\frac{1}{2}\div1.47=3\frac{1}{2}\div\frac{147}{100}$

$$=\frac{\cancel{7}^{1}}{\cancel{2}_{1}}\times\frac{\cancel{100}^{50}}{\cancel{147}_{21}}$$

$$=\frac{50}{21}=2\frac{8}{21}(\text{배})$$

187a~187b

1 ㉡, ㉠

2 1.4, 1.4, 2.8, 4.2

3 14, 14, $\frac{14}{5}$, $\frac{21}{5}$, $4\frac{1}{5}$

4 ㉠, ㉢, ㉡

5 1.2, 3.5, 4.2, 1.2, 3

6 35, 42, $\frac{21}{5}$, $\frac{42}{10}$, 7, $\frac{21}{5}$, $\frac{6}{5}$, $\frac{15}{5}$, 3

188a~188b

1 0.5, 0.8, 0.5, 0.64, 1.14

2 2.8, 0.5, 2.8, 1.75, 1.6

3 18, 9, 21, $1\frac{1}{20}$

4 9, $\frac{15}{10}$, $\frac{15}{10}$, 9, $\frac{10}{15}$, $\frac{15}{10}$, 3, $\frac{15}{16}$, $2\frac{1}{16}$

5 $1.6-1\frac{3}{4}\div2.5=0.9$

① $1\frac{3}{4}\div2.5$, ② $1.6-$①

풀이 $1.6-1\frac{3}{4}\div2.5=1.6-1.75\div2.5$

$=1.6-0.7=0.9$

6 $0.7\times(4\frac{1}{2}\div0.6)=5.25$

① $4\frac{1}{2}\div0.6$, ② $0.7\times$①

풀이 $0.7\times(4\frac{1}{2}\div0.6)=0.7\times(4.5\div0.6)$

$=0.7\times7.5=5.25$

7 $3\frac{1}{5}\times0.5+2.4\div\frac{3}{4}=4.8$

① $3\frac{1}{5}\times0.5$, ② $2.4\div\frac{3}{4}$, ③ ①$+$②

풀이 $3\frac{1}{5}\times0.5+2.4\div\frac{3}{4}$

$=3.2\times0.5+2.4\div0.75$

$=1.6+3.2=4.8$

189a~189b

1 0.45 또는 $\frac{9}{20}$

풀이 $4.2\div3\frac{1}{2}-\frac{3}{4}=4.2\div3.5-0.75$

$=1.2-0.75=0.45$

2 3.36 또는 $3\frac{9}{25}$

풀이 $(1\frac{4}{5}+0.6)\times1.4=(1.8+0.6)\times1.4$

$=2.4\times1.4=3.36$

3 $1\frac{9}{10}$ 또는 1.9

풀이 $2\frac{1}{4}\div0.9-\frac{2}{5}\times1.5$

$=\frac{9}{4}\div\frac{9}{10}-\frac{2}{5}\times\frac{15}{10}$

$=\frac{9}{4}\times\frac{10}{9}-\frac{2}{5}\times\frac{15}{10}$

$=\frac{5}{2}-\frac{3}{5}=\frac{19}{10}=1\frac{9}{10}$

4 3.92 또는 $3\frac{23}{25}$

풀이 $(2.9+3.4)\div2\frac{1}{4}\times1.4$

$=6.3\div2.25\times1.4$

$=2.8\times1.4=3.92$

5 $>$

풀이 $1\frac{4}{5}\div0.9+\frac{3}{5}=1\frac{4}{5}\div\frac{9}{10}+\frac{3}{5}$

$=\frac{9}{5}\times\frac{10}{9}+\frac{3}{5}$

$=2+\frac{3}{5}=2\frac{3}{5}$

$1\frac{4}{5}\div(0.9+\frac{3}{5})=1\frac{4}{5}\div(\frac{9}{10}+\frac{3}{5})$

$=\frac{9}{5}\div\frac{15}{10}=\frac{9}{5}\times\frac{10}{15}$

$=\frac{6}{5}=1\frac{1}{5}$

➡ $2\frac{3}{5}>1\frac{1}{5}$

6 ㉢

풀이 ㉠ $2.3-1.5\times1\frac{1}{4}$

$=2.3-1.5\times1.25$

$=2.3-1.875=0.425$

㉡ $3\frac{1}{2}\div(2.8-\frac{7}{10})$

$=3\frac{1}{2}\div(\frac{28}{10}-\frac{7}{10})$

$=\frac{7}{2}\div\frac{21}{10}=\frac{7}{2}\times\frac{10}{21}$

$=\frac{5}{3}=1\frac{2}{3}$

㉢ $\frac{4}{5}\times2.2\div1.21=\frac{4}{5}\times\frac{22}{10}\div\frac{121}{100}$

$=\frac{4}{5}\times\frac{22}{10}\times\frac{100}{121}$

$=\frac{16}{11}=1\frac{5}{11}$

㉣ $(1\frac{1}{2}+1.7)\times\frac{3}{4}=(1.5+1.7)\times0.75$

$=3.2\times0.75=2.4$

7 $7.5-5.2\times\frac{1}{4}=6.2$, 6.2L 또는 $6\frac{1}{5}$L

풀이 (물통에 남아 있는 물의 양)

$=7.5-5.2\times\frac{1}{4}=7.5-5.2\times0.25$

$=7.5-1.3=6.2$(L)

190a~190b

1 ㉠, ㉢, ㉡, ㉣

2 3.75, 2.5, 2.25, 5, 5.85

3 6, 5, 9, 5, 9, 5, $5\frac{17}{20}$

4 ㉡, ㉠, ㉢, ㉣

5 2.5, 1.4, 0.75, 2.5, 2.6, 0.75, 1.25, 0.75, 0.5

6 12, 52, 13, 52, $\frac{5}{4}$, 1

191a~191b

1 1.2, 1.75, 0.5, 4, 1.75, 1.25, 3.5

2 75, 9, 9, 9, 5, $2\frac{3}{10}$

3 1.6, 5, 3, 4, 3, 4, 3, $2\frac{1}{2}$

4 $1.24\times6\frac{1}{4}-2.4\div\frac{3}{5}+1\frac{1}{2}=5.25$

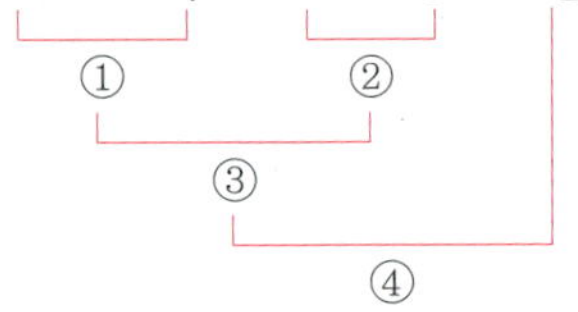

① ② ③ ④

풀이 $1.24\times6\frac{1}{4}-2.4\div\frac{3}{5}+1\frac{1}{2}$

$=1.24\times6.25-2.4\div0.6+1.5$

$=7.75-4+1.5=5.25$

5 $(6\frac{1}{5}-2.9)\times\frac{2}{3}+4.5\div2\frac{1}{2}=4$

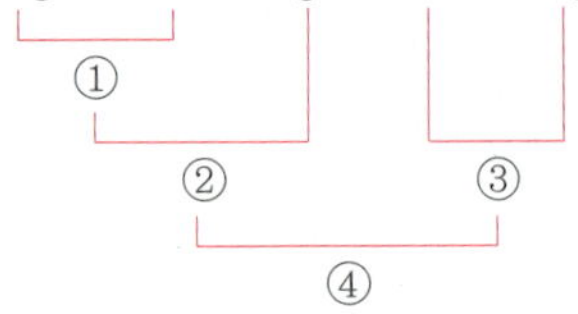

① ② ③ ④

풀이 $(6\frac{1}{5}-2.9)\times\frac{2}{3}+4.5\div2\frac{1}{2}$

$=(\frac{31}{5}-\frac{29}{10})\times\frac{2}{3}+\frac{45}{10}\div\frac{5}{2}$

$=\frac{\overset{11}{\cancel{33}}}{\underset{5}{\cancel{10}}}\times\frac{\overset{1}{\cancel{2}}}{\underset{1}{\cancel{3}}}+\frac{\overset{9}{\cancel{45}}}{\underset{5}{\cancel{10}}}\times\frac{\overset{1}{\cancel{2}}}{\underset{1}{\cancel{5}}}$

$=\frac{11}{5}+\frac{9}{5}=4$

6 $(2.7-2\frac{2}{3}\div1.6)+0.75\times\frac{4}{15}=1\frac{7}{30}$

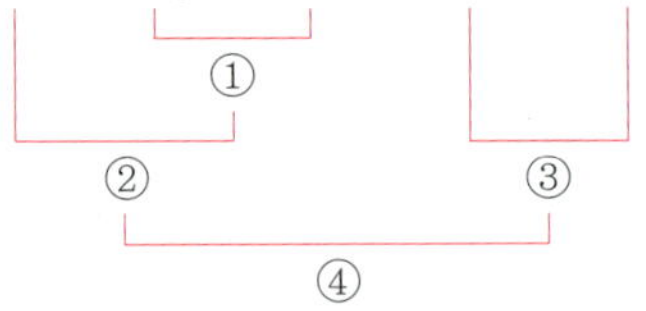

① ② ③ ④

풀이 $(2.7-2\frac{2}{3}\div1.6)+0.75\times\frac{4}{15}$

$=(\frac{27}{10}-\frac{8}{3}\div\frac{16}{10})+\frac{75}{100}\times\frac{4}{15}$

$=(\frac{27}{10}-\frac{\overset{1}{\cancel{8}}}{3}\times\frac{\overset{5}{\cancel{10}}}{\underset{\underset{1}{\cancel{2}}}{\cancel{16}}})+\frac{\overset{\overset{1}{\cancel{5}}}{\cancel{75}}}{\underset{\underset{5}{\cancel{25}}}{\cancel{100}}}\times\frac{\overset{1}{\cancel{4}}}{\underset{1}{\cancel{15}}}$

$=(\frac{27}{10}-\frac{5}{3})+\frac{1}{5}=1\frac{7}{30}$

192a~192b

1 $2\frac{9}{50}$ 또는 2.18

풀이 $2-7.7\div3\frac{2}{3}\times0.2+\frac{3}{5}$

$=2-\frac{77}{10}\div\frac{11}{3}\times\frac{2}{10}+\frac{3}{5}$

$=2-\frac{\overset{7}{\cancel{77}}}{\underset{5}{\cancel{10}}}\times\frac{3}{\underset{1}{\cancel{11}}}\times\frac{\overset{1}{\cancel{2}}}{10}+\frac{3}{5}$

$=2-\frac{21}{50}+\frac{3}{5}=2\frac{9}{50}$

2 1

풀이 $3\frac{1}{8}\times(3.1-2\frac{1}{2})\div2.5+\frac{1}{4}$

$=3\frac{1}{8}\times(3.1-2.5)\div2.5+\frac{1}{4}$

$=3\frac{1}{8}\times0.6\div2.5+\frac{1}{4}$

$=\frac{25}{8}\times\frac{6}{10}\div\frac{25}{10}+\frac{1}{4}$

$=\frac{\overset{1}{\cancel{25}}}{\underset{4}{\cancel{8}}}\times\frac{\overset{3}{\cancel{6}}}{\underset{1}{\cancel{10}}}\times\frac{\overset{1}{\cancel{10}}}{\underset{1}{\cancel{25}}}+\frac{1}{4}$

$=\frac{3}{4}+\frac{1}{4}=1$

3 $2\frac{1}{2}$ 또는 2.5

풀이 $3-2\frac{4}{5}\div(1.4\times1\frac{1}{2})+\frac{5}{6}$

$=3-2\frac{4}{5}\div(\frac{14}{10}\times\frac{3}{2})+\frac{5}{6}$

$=3-2\frac{4}{5}\div\frac{21}{10}+\frac{5}{6}$

$=3-\frac{14}{5}\times\frac{10}{21}+\frac{5}{6}$

$=3-\frac{4}{3}+\frac{5}{6}=2\frac{1}{2}$

4 2.85 또는 $2\frac{17}{20}$

풀이 $1.25+\frac{2}{5}\div(2\frac{1}{2}-0.6\times3\frac{3}{4})$

$=1.25+0.4\div(2.5-0.6\times3.75)$

$=1.25+0.4\div(2.5-2.25)$

$=1.25+0.4\div0.25$

$=1.25+1.6$

$=2.85$

5 ㉣

6 예 곱셈, 덧셈이 섞여 있는 식에서는 먼저 곱셈을 계산한 후에 덧셈을 계산해야 합니다.

7 $5\frac{1}{10}$ 또는 5.1

풀이 $2.4\div1\frac{1}{2}+(2\frac{2}{5}-1.35)\times3\frac{1}{3}$

$=2.4\div1\frac{1}{2}+(2.4-1.35)\times3\frac{1}{3}$

$=2.4\div1.5+1.05\times3\frac{1}{3}$

$=1.6+\frac{105}{100}\times\frac{10}{3}$

$=\frac{16}{10}+\frac{7}{2}=5\frac{1}{10}$

193a~193b 창의력 학습

a 말

풀이 말: $(1\frac{1}{2}+2.1)\div1\frac{3}{5}$

$=(1.5+2.1)\div1.6$

$=3.6\div1.6=2.25$

소: $3.75\times\frac{2}{3}-1\frac{1}{4}=\frac{375}{100}\times\frac{2}{3}-1\frac{1}{4}$

$=\frac{5}{2}-\frac{5}{4}=1\frac{1}{4}$

양: $2.45\div(3\frac{1}{5}-1.8)$

$=2.45\div(3.2-1.8)$

$=2.45\div1.4=1.75$

토끼: $0.25+1\frac{1}{4}\times0.6$

$=0.25+1.25\times0.6$

$=0.25+0.75=1$

따라서 당근을 가장 많이 먹은 동물은 말입니다.

b

풀이 $5.4+(3\frac{1}{2}-1.5\times1\frac{3}{5})\div2.2$

$1.5\times1\frac{3}{5}=2\frac{2}{5}$

$3\frac{1}{2}-2\frac{2}{5}=1.1$

$1.1\div2.2=\frac{1}{2}$

$5.4+\frac{1}{2}=5.9$

194a~195b 경시대회 예상문제

1 $2\frac{1}{3}$배

풀이 $5\frac{1}{4}\div2.25=\frac{21}{4}\div\frac{225}{100}$

$=\frac{21}{4}\times\frac{100}{225}$

$=\frac{7}{3}=2\frac{1}{3}$(배)

2 (위에서부터) 2.7, 5.5

풀이

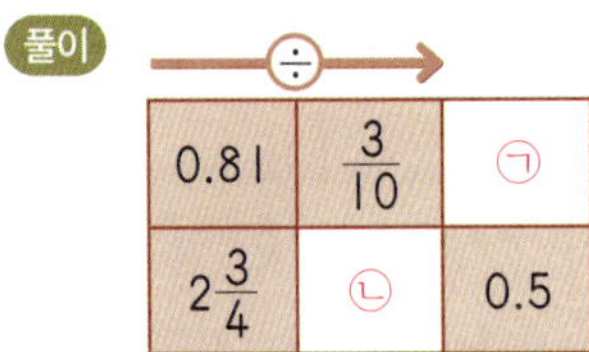

㉠$=0.81\div\frac{3}{10}=0.81\div0.3=2.7$

$2\frac{3}{4}\div$㉡$=0.5$에서

㉡$=2\frac{3}{4}\div0.5=2.75\div0.5=5.5$

3 ㉢, ㉡, ㉠, ㉣

풀이 ㉠ $1.05\div\frac{3}{4}=1.05\div0.75=1.4$

㉡ $2.4\div1\frac{1}{2}=2.4\div1.5=1.6$

㉢ $1.43\div\frac{13}{20}=1.43\div0.65=2.2$

㉣ $1.12\div1\frac{2}{5}=1.12\div1.4=0.8$

➡ ㉢>㉡>㉠>㉣

4 58cm^2

풀이 (도형의 넓이)

$=7\frac{1}{2}\times3.4+5.2\times6\frac{1}{4}$

$=\frac{15}{2}\times\frac{34}{10}+\frac{52}{10}\times\frac{25}{4}$

$=\frac{51}{2}+\frac{65}{2}=58(\text{cm}^2)$

5 (병 한 개에 담은 간장의 양)

$=(2.5-\frac{2}{5})\div3=(2.5-0.4)\div3$

$=2.1\div3=0.7(\text{L})$

[답] 0.7L

평가 기준

상	병 한 개에 담은 간장의 양을 구하는 식과 답을 바르게 구한 경우
중	병 한 개에 담은 간장의 양을 구하는 식은 구하였으나 답을 구하지 못한 경우
하	풀이 과정과 답을 구하지 못한 경우

6 $7\frac{1}{5}$ 또는 7.2

풀이 ㉠ $5.4-6.8\div4\frac{1}{4}\times1.5+\frac{3}{5}$

$=5.4-\frac{68}{10}\div\frac{17}{4}\times\frac{15}{10}+\frac{3}{5}$

$=5.4-\frac{68}{10}\times\frac{4}{17}\times\frac{15}{10}+\frac{3}{5}$

$=\frac{54}{10}-\frac{12}{5}+\frac{3}{5}=3\frac{3}{5}$

㉡ $8.1-(1\frac{4}{5}+3.6)\times1\frac{1}{4}\div1.5$

$=8.1-5.4\times1\frac{1}{4}\div\frac{15}{10}$

$=8.1-\frac{54}{10}\times\frac{5}{4}\times\frac{10}{15}$

$=\frac{81}{10}-\frac{9}{2}=3\frac{3}{5}$

➡ ㉠+㉡$=3\frac{3}{5}+3\frac{3}{5}=7\frac{1}{5}$

7 어떤 수를 □라고 하면

$\square\times7.2=\frac{24}{25}$,

$\square=\frac{24}{25}\div7.2=\frac{24}{25}\div\frac{72}{10}$

$=\frac{24}{25}\times\frac{10}{72}=\frac{2}{15}$

$$\frac{2}{15}\div 0.32+\frac{3}{4}=\frac{2}{15}\div\frac{32}{100}+\frac{3}{4}$$

$$=\frac{2}{15}\times\frac{100}{32}+\frac{3}{4}$$

$$=\frac{5}{12}+\frac{3}{4}=1\frac{1}{6}$$

[답] $1\frac{1}{6}$

평가 기준

상	어떤 수를 구하고 답을 바르게 구한 경우
중	어떤 수는 구하였으나 답을 구하지 못한 경우
하	풀이 과정과 답을 구하지 못한 경우

8 0.75

풀이 $\square\times(0.5\div\frac{5}{8}+4.4)-1\frac{1}{2}=2\frac{2}{5}$

$\square\times(0.5\div0.625+4.4)-1.5=2.4$
$\square\times(0.8+4.4)-1.5=2.4$
$\square\times5.2-1.5=2.4$
$\square\times5.2=3.9$
$\square=0.75$

9 $7\frac{1}{20}$kg 또는 7.05kg

풀이 $0.25\times100\div4+\frac{4}{5}=\frac{25}{4}+\frac{4}{5}$

$=7\frac{1}{20}$(kg)

10 $2\frac{1}{2}$cm 또는 2.5cm

풀이 사다리꼴의 높이를 □cm라고 하면
(사다리꼴의 넓이)
$=(2.3+4\frac{1}{2})\times\square\div2=8.5$

$\frac{68}{10}\times\square\div2=\frac{85}{10}$

$\square=\frac{85}{10}\times2\div\frac{68}{10}=\frac{85}{10}\times2\times\frac{10}{68}$

$=\frac{5}{2}=2\frac{1}{2}$(cm)

11 $2.3\div(3\frac{4}{5}-0.6\times2\frac{1}{2})=1$

풀이 여러 가지 방법으로 계산해 봅니다.

$2.3\div(3\frac{4}{5}-0.6)\times2\frac{1}{2}=1\frac{51}{64}$

$(2.3\div3\frac{4}{5}-0.6)\times2\frac{1}{2}=\frac{1}{76}$

$2.3\div(3\frac{4}{5}-0.6\times2\frac{1}{2})=1$

12 4.95 또는 $4\frac{19}{20}$

풀이 $5\frac{1}{4}$◆2.25

$=5\frac{1}{4}-2.25\div(5\frac{1}{4}+2.25)$
$=5.25-2.25\div(5.25+2.25)$
$=5.25-2.25\div7.5$
$=5.25-0.3$
$=4.95$

196a~196b

1 나, 다, 라, 마, 바
2 다, 라
3 다, 라
4 (　) (　) (○)
5 (　) (○) (　)
6 예 위아래에 있는 면이 서로 합동인 원으로 되어 있지 않으므로 원기둥이 아닙니다.

197a~197b

1 밑면
2 옆면
3 높이
4 밑면, 높이, 옆면

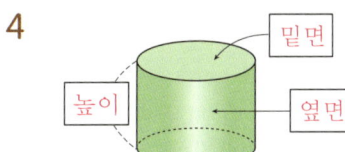

5 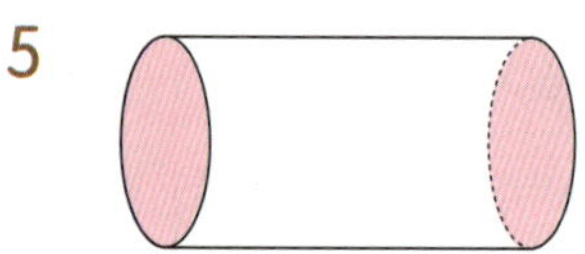

6 5cm

7 11cm

198a~198b

1 ㉠, ㉡, ㉣

2 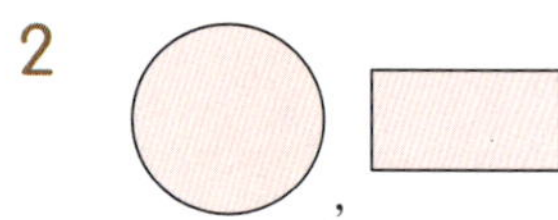

3 (위에서부터) 원, 2, 1 / 오각형, 2, 5

4 ㉠, ㉣

5 ㉑ [같은 점1] 밑면이 2개입니다.
[같은 점2] 밑면이 서로 평행하고 합동입니다.

6 ㉑ [다른 점1] 원기둥의 밑면은 원이고, 각기둥의 밑면은 다각형입니다.
[다른 점2] 원기둥의 옆면은 굽은 면이고, 각기둥의 옆면은 직사각형입니다.

199a~199b

1 원기둥의 전개도

2 밑면의 둘레

3 높이

4 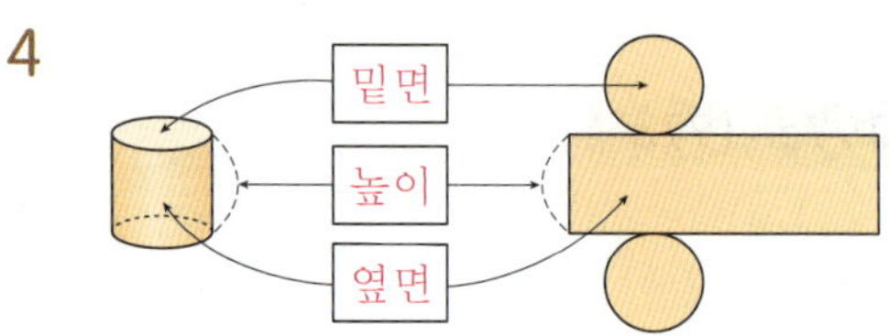

5 ( )(○)( )

풀이 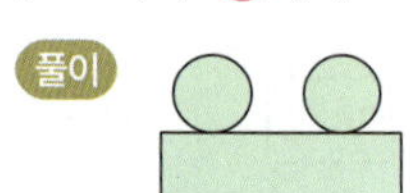

두 밑면이 서로 마주 보는 곳에 위치하지 않았으므로 원기둥의 전개도가 아닙니다.

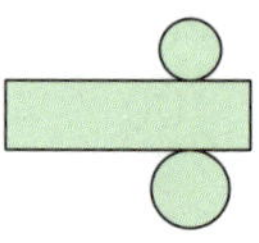

두 밑면이 서로 합동이 아니므로 원기둥의 전개도가 아닙니다.

6 (○)( )( )

풀이 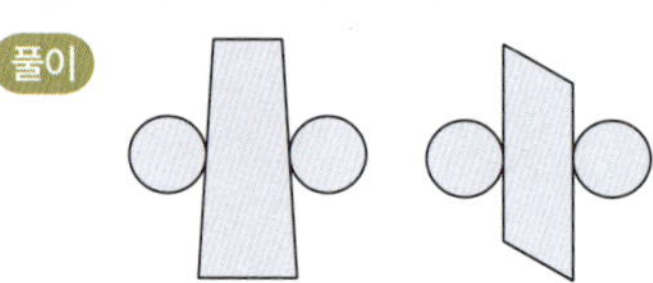

옆면의 모양이 직사각형이 아니므로 원기둥의 전개도가 아닙니다.

200a~200b

1 ㉑ 두 밑면이 서로 합동이 아니므로 원기둥의 전개도가 아닙니다.

2 43.96cm

풀이 (옆면의 가로)=(밑면의 둘레)
$=7\times2\times3.14$
$=43.96$(cm)

3 10cm

4 ㉑

풀이 원기둥의 전개도에서 두 밑면은 서로 평행하며 합동인 원이 되도록 그려야 합니다.

5 6

풀이 $\square\times2\times3.14=37.68$
$\square=37.68\div3.14\div2$
$=6$(cm)

6 219.8cm^2

풀이 밑면의 반지름을 □cm라고 하면
$\square\times\square\times3.14=78.5$, $\square\times\square=25$,
$\square=5$(cm)
(옆면의 가로)$=5\times2\times3.14$
$=31.4$(cm)
(옆면의 넓이)$=31.4\times7=219.8$(cm^2)

201a~201b

1 나, 다, 마, 바

2 나, 바

3 나, 바

4 (　)(　)(○)

5 (○)(　)(　)

6 예 뿔 모양의 입체도형이 아니므로 원뿔이 아닙니다.

202a~202b

1

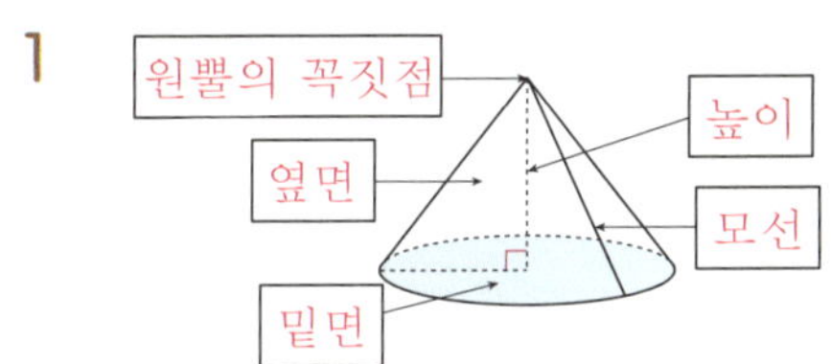

2 모선

3 높이

4

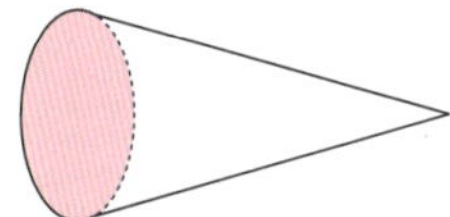

5 24cm / 26cm

6 36cm

풀이 원뿔의 모선의 길이는 모두 같으므로 ㄱㄷ의 길이는 10cm입니다.
따라서 삼각형 ㄱㄴㄷ의 둘레는
10+16+10=36(cm)입니다.

203a~203b

1 ㉣

풀이 ㉣ 원뿔의 모선의 길이는 모두 같습니다.

2 (위에서부터) 원, 1, 1 / 사각형, 1, 4 / 원, 2, 1

3 1cm

풀이 원뿔의 높이는 16cm, 원기둥의 높이는 15cm입니다. ➡ 16−15=1(cm)

4 예 [같은 점] 밑면의 개수가 1개입니다.
[다른 점] 원뿔의 밑면은 원이고, 각뿔의 밑면은 다각형입니다.

5 예 [같은 점] 밑면의 모양이 원입니다.
[다른 점] 원뿔의 밑면은 1개이고, 원기둥의 밑면은 2개입니다.

204a~204b

1 가, 다, 마

2 (　)(○)(　)

3 ㉢

4

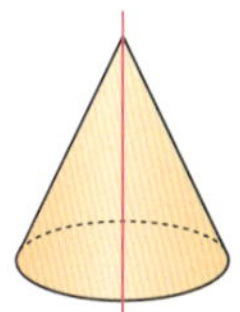

5

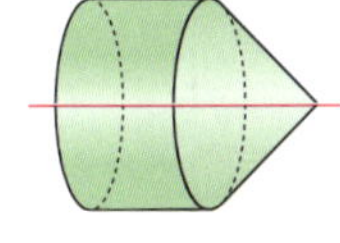

205a~205b

1 (　)(　)(○)

풀이

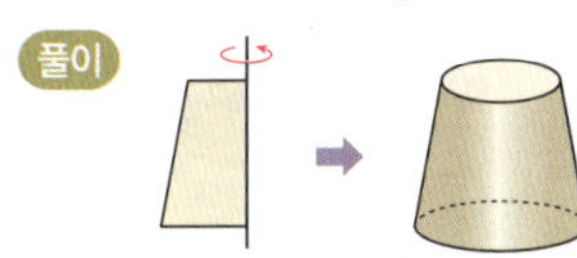

2 (○)(　)(　)

풀이

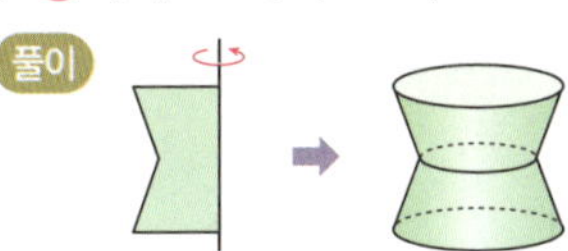

3 (　)(○)(　)

풀이

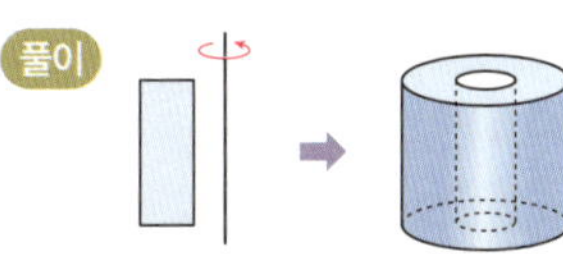

4

풀이

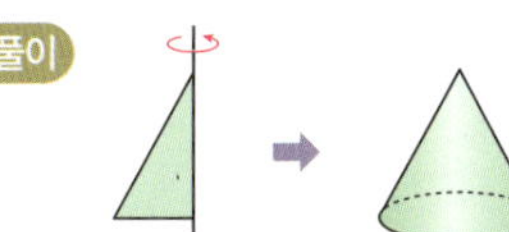

5

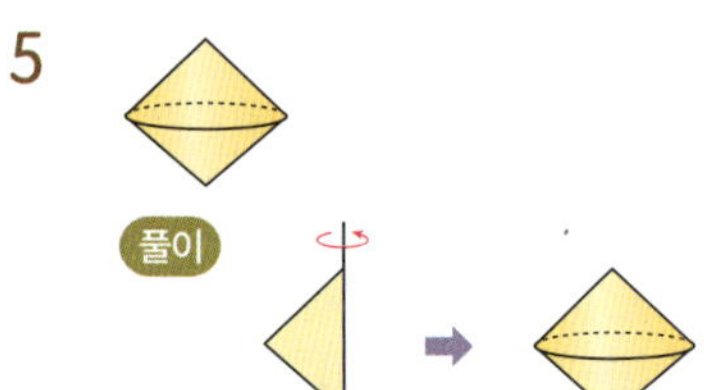

6

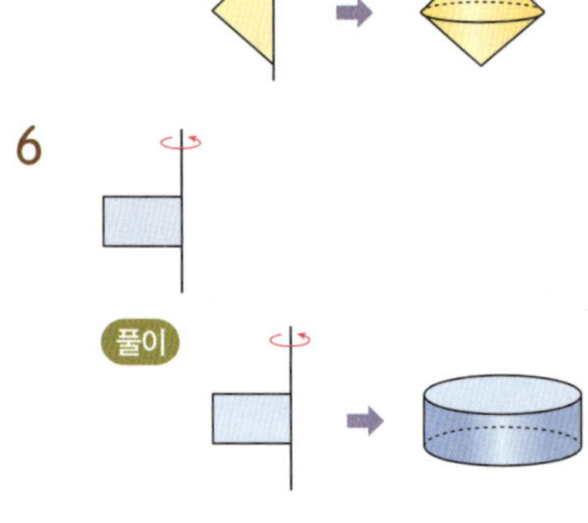

7

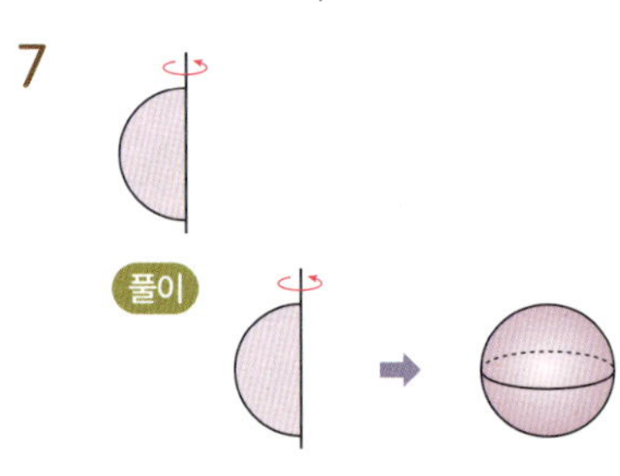

8

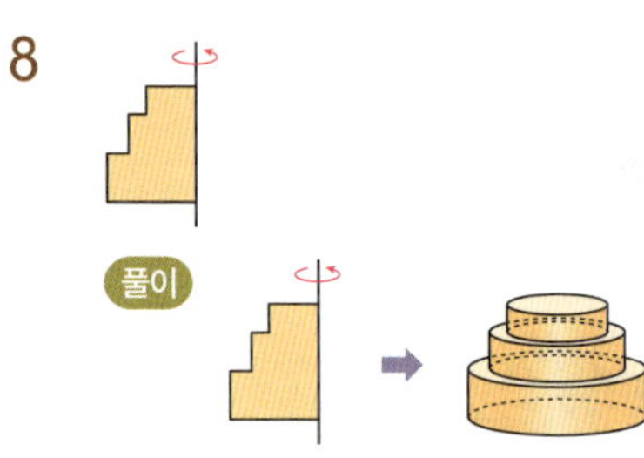

9

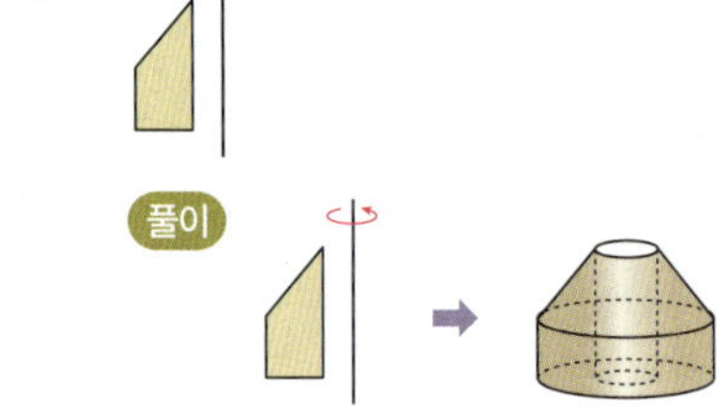

206a~206b

1 (○) (　) (　)

2 (　) (　) (○)

3

풀이

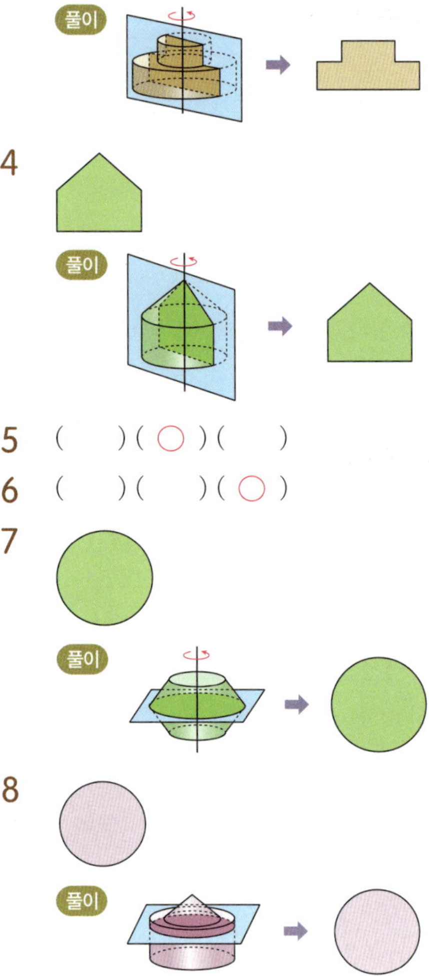

4

풀이

5 (　) (○) (　)

6 (　) (　) (○)

7

풀이

8

풀이

9 원

207a~207b

1

2

3

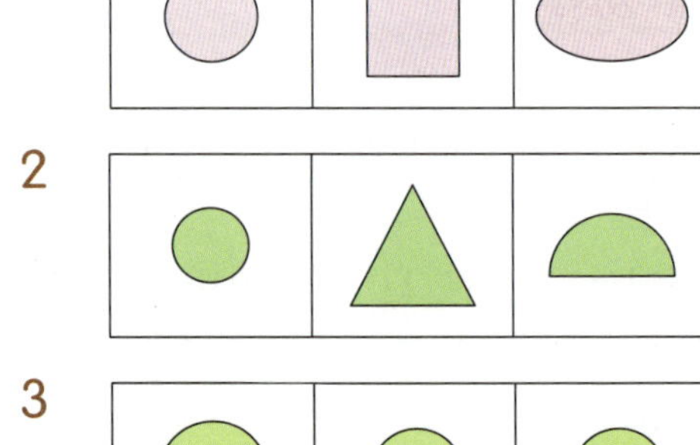

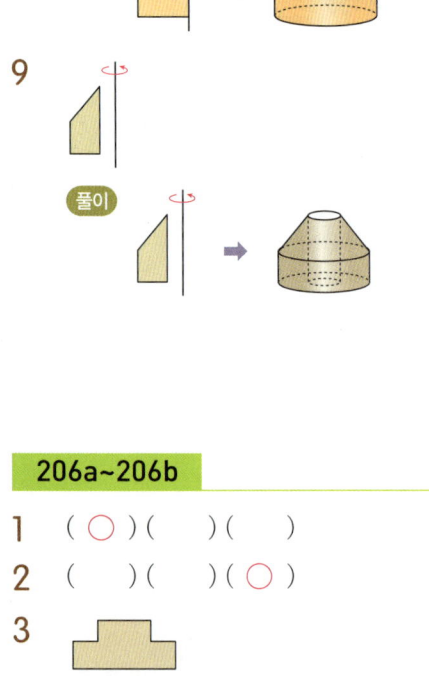

4  ㉠

풀이
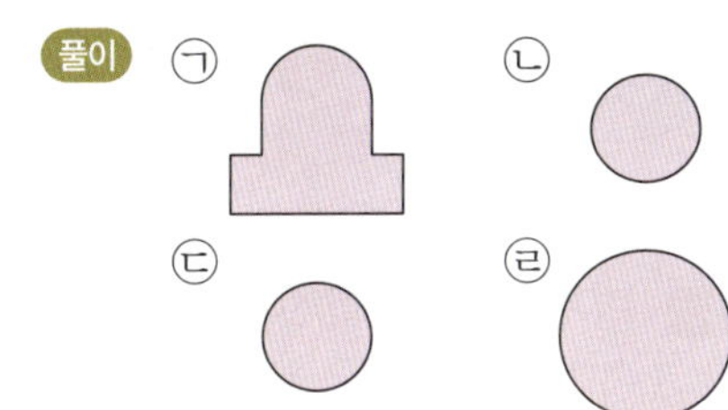

따라서 단면의 모양이 다른 것은 ㉠입니다.

5 ㉣

풀이
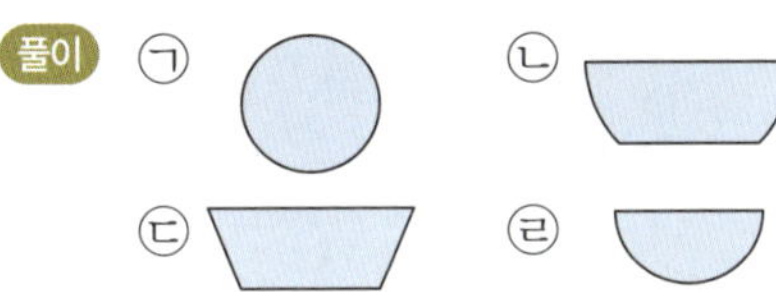

6 $60cm^2$

풀이 회전체를 회전축을 품은 평면으로 자른 단면은 다음과 같습니다.

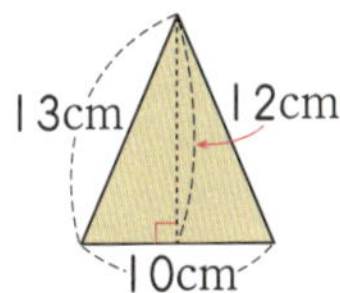

(단면의 넓이)$=10\times12\div2=60(cm^2)$

208a~208b 창의력 학습

a

풀이
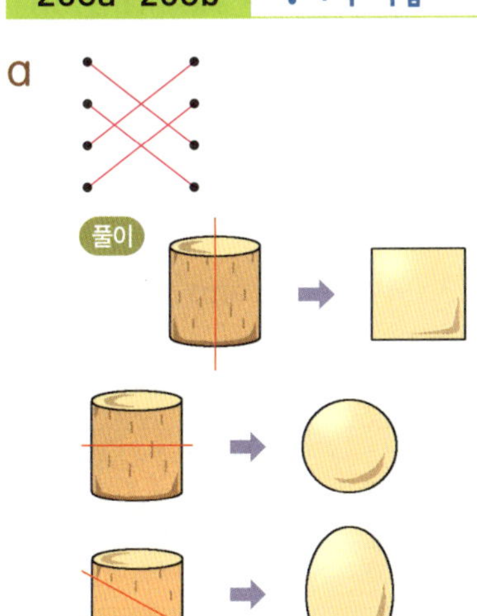

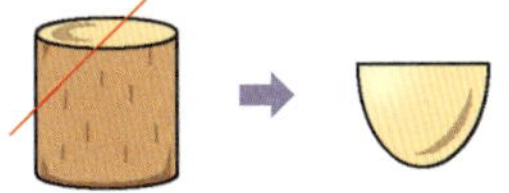

b 성준, 승아

풀이
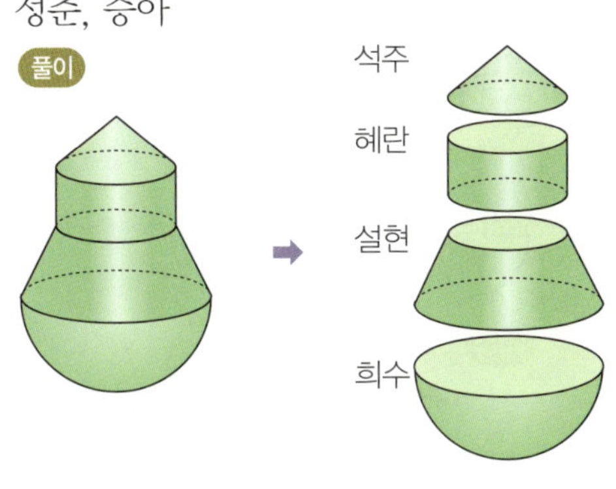

209a~210b 경시대회 예상문제

1 ㉡

풀이 구는 어느 방향으로 잘라도 그 단면은 항상 원입니다.

2 페인트가 칠해진 면의 넓이는 롤러의 옆면의 넓이와 같습니다.
(페인트가 칠해진 면의 넓이)
$=5\times2\times3.14\times20=628(cm^2)$
[답] $628cm^2$

평가 기준

상	페인트가 칠해진 면의 넓이가 롤러의 옆면의 넓이와 같음을 알고 답을 바르게 구한 경우
중	페인트가 칠해진 면의 넓이가 롤러의 옆면의 넓이와 같음을 알았으나 답을 구하지 못한 경우
하	풀이 과정과 답을 구하지 못한 경우

3

풀이
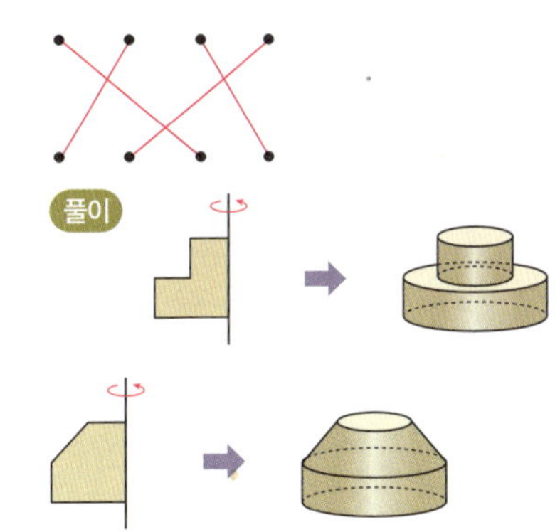

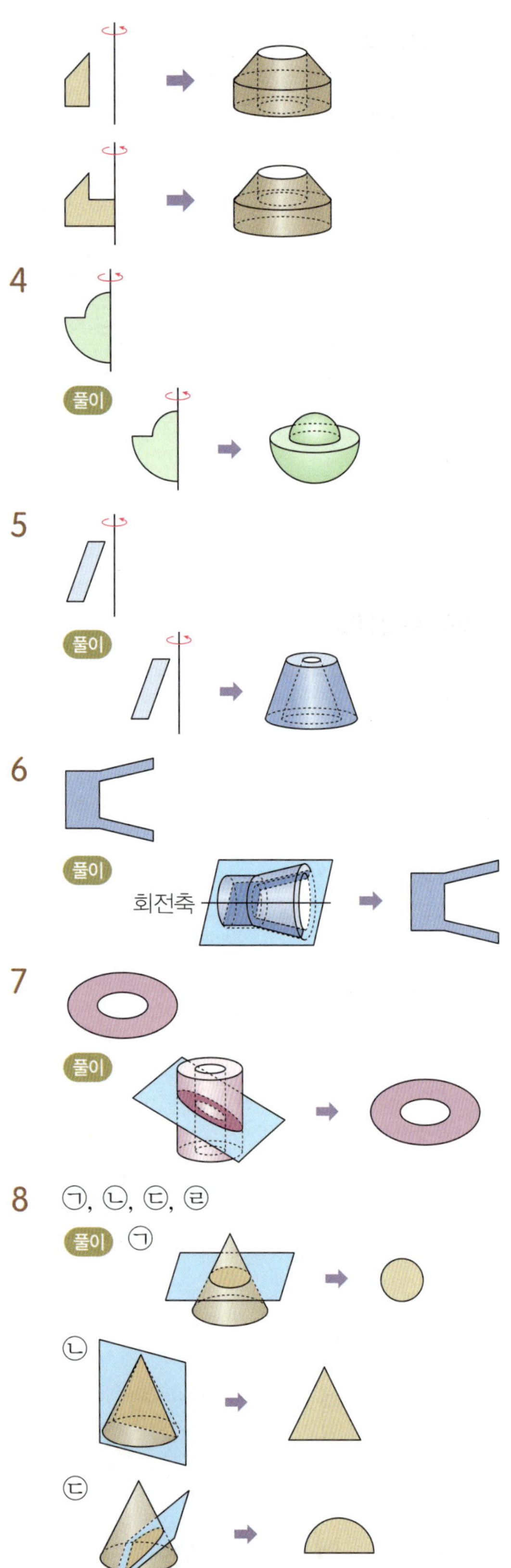

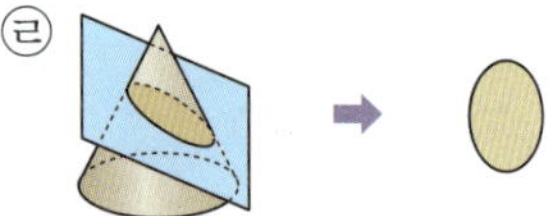

9 50.24cm²

풀이 평면도형을 회전축을 중심으로 한 번 돌려 얻은 입체도형은 구입니다. 구의 가장 큰 단면은 평면이 구의 중심을 지나도록 자른 단면입니다.

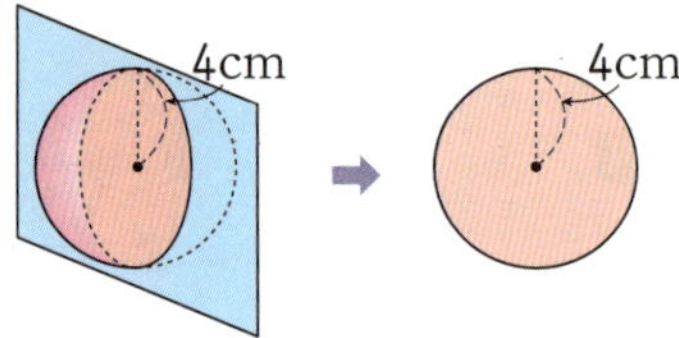

(단면의 넓이)$=4\times4\times3.14$
$=50.24(\mathrm{cm}^2)$

10 176cm²

풀이 회전체를 회전축을 품은 평면으로 잘랐을 때의 단면은 다음과 같습니다.

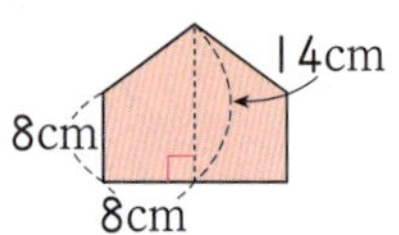

(단면의 넓이)$=(8+14)\times8\div2\times2$
$=22\times8\div2\times2$
$=176(\mathrm{cm}^2)$

11 회전체를 회전축을 품은 평면으로 자른 단면은 가로가 14cm, 세로가 12cm인 직사각형이므로 넓이는 $14\times12=168(\mathrm{cm}^2)$입니다.
회전체를 회전축에 수직인 평면으로 자른 단면은 반지름이 6cm인 원이므로 넓이는 $6\times6\times3.14=113.04(\mathrm{cm}^2)$입니다.
따라서 두 단면의 넓이의 차는
$168-113.04=54.96(\mathrm{cm}^2)$입니다.
[답] 54.96cm²

평가 기준

상	회전체를 자른 단면의 모양을 알고 답을 바르게 구한 경우
중	회전체를 자른 단면의 모양은 알았으나 답을 구하지 못한 경우
하	풀이 과정과 답을 구하지 못한 경우

211a~211b

1 (1) 6, 12, 8, 12, 8, 6, 52
(2) 6, 12, 8, 52 (3) 3, 3, 3, 52

풀이 (1) (직육면체의 겉넓이)
$=$(여섯 면의 넓이의 합)
$=$㉠$+$㉡$+$㉢$+$㉣$+$㉤$+$㉥
$=3\times2+3\times4+2\times4+3\times4+2\times4+3\times2$
$=6+12+8+12+8+6$
$=52(\text{cm}^2)$

(2) 합동인 면은 ㉠과 ㉥, ㉡과 ㉣, ㉢과 ㉤입니다.
(직육면체의 겉넓이)
$=$(합동인 세 면의 넓이의 합)$\times2$
$=$(㉠$+$㉡$+$㉢)$\times2$
$=(6+12+8)\times2$
$=52(\text{cm}^2)$

(3) (직육면체의 겉넓이)
$=$(한 밑면의 넓이)$\times2+$(옆넓이)
$=$㉠$\times2+$(㉡$+$㉢$+$㉣$+$㉤)
$=(3\times2)\times2+(3+2+3+2)\times4$
$=12+40$
$=52(\text{cm}^2)$

2 21, 100, 142

풀이 (한 밑면의 넓이)$=7\times3=21(\text{cm}^2)$
(옆넓이)$=(7+3+7+3)\times5=100(\text{cm}^2)$
(직육면체의 겉넓이)
$=$(한 밑면의 넓이)$\times2+$(옆넓이)
$=21\times2+100$
$=42+100$
$=142(\text{cm}^2)$

3 (1) 9, 9, 9, 9, 9, 9, 54
(2) 9, 54

풀이 (1) (정육면체의 겉넓이)
$=$(여섯 면의 넓이의 합)
$=$㉠$+$㉡$+$㉢$+$㉣$+$㉤$+$㉥
$=3\times3+3\times3+3\times3+3\times3+3\times3+3\times3$
$=9+9+9+9+9+9=54(\text{cm}^2)$

(2) 정육면체는 모든 면의 넓이가 같습니다.
(정육면체의 겉넓이)
$=$(한 면의 넓이)$\times6=$㉠$\times6$
$=9\times6=54(\text{cm}^2)$

212a~212b

1 166cm^2

풀이 (직육면체의 겉넓이)
$=(4\times7)\times2+(4+7+4+7)\times5$
$=56+110=166(\text{cm}^2)$

2 228cm^2

풀이 (직육면체의 겉넓이)
$=(9\times6)\times2+(9+6+9+6)\times4$
$=108+120=228(\text{cm}^2)$

3 158cm^2

풀이 (직육면체의 겉넓이)
$=(5\times3)\times2+(5+3+5+3)\times8$
$=30+128=158(\text{cm}^2)$

4 192cm^2

풀이 (직육면체의 겉넓이)
$=(6\times6)\times2+(6+6+6+6)\times5$
$=72+120=192(\text{cm}^2)$

5 96cm^2

풀이 (정육면체의 겉넓이)$=4\times4\times6$
$=96(\text{cm}^2)$

6 294cm^2

풀이 (정육면체의 겉넓이)$=7\times7\times6$
$=294(\text{cm}^2)$

7 280cm^2

풀이 (직육면체의 겉넓이)
$=(10\times6)\times2+160$
$=120+160=280(\text{cm}^2)$

8 366cm^2

풀이 (직육면체의 겉넓이)
$=$(여섯 면의 넓이의 합)
$=55+40+88+40+88+55$
$=366(\text{cm}^2)$

9 가

풀이 (가의 겉넓이)
$=(14\times7)\times2+(14+7+14+7)\times5$
$=196+210=406(\text{cm}^2)$
(나의 겉넓이)
$=(8\times6)\times2+(8+6+8+6)\times11$
$=96+308=404(\text{cm}^2)$
따라서 겉넓이가 더 넓은 직육면체는 가입니다.

213a~213b

1 (1) 가 (2) 가 (3) 나 (4) 없습니다

풀이 (4) 두 상자의 가로, 세로, 높이는 직접 비교할 수 있지만 부피는 직접 비교할 수 없습니다.

2 나

풀이 한 밑면의 넓이가 같으므로 높이가 더 높은 나의 부피가 더 큽니다.

3 (1) 24개 (2) 27개 (3) 나 (4) 나

풀이 (1) 가의 쌓기나무는 가로로 3줄, 세로로 4줄, 높이는 2층이므로 $3\times4\times2=24$(개)입니다.

(2) 나의 쌓기나무는 가로로 3줄, 세로로 3줄, 높이는 3층이므로 $3\times3\times3=27$(개)입니다.

(4) 나의 쌓기나무 개수가 가의 쌓기나무 개수보다 더 많으므로 나의 부피가 가의 부피보다 더 큽니다.

4 가

풀이 같은 크기의 지우개가 가 상자에 더 많이 담을 수 있으므로 부피가 더 큰 상자는 가입니다.

214a~214b

1 8개

풀이 밑면에 놓인 쌓기나무는 가로로 2줄, 세로로 4줄이므로 $2\times4=8$(개)입니다.

2 24개

풀이 쌓기나무는 8개씩 3층이므로 $8\times3=24$(개)입니다.

3 $24cm^3$

풀이 부피가 $1cm^3$인 쌓기나무가 24개이므로 직육면체의 부피는 $24cm^3$입니다.

4 16개, $16cm^3$

풀이 부피가 $1cm^3$인 쌓기나무가 $4\times2\times2=16$(개)이므로 직육면체의 부피는 $16cm^3$입니다.

5 18개, $18cm^3$

풀이 부피가 $1cm^3$인 쌓기나무가 $3\times3\times2=18$(개)이므로 직육면체의 부피는 $18cm^3$입니다.

6 36개, $36cm^3$

풀이 부피가 $1cm^3$인 쌓기나무가 $3\times4\times3=36$(개)이므로 직육면체의 부피는 $36cm^3$입니다.

7 64개, $64cm^3$

풀이 부피가 $1cm^3$인 쌓기나무가 $4\times4\times4=64$(개)이므로 직육면체의 부피는 $64cm^3$입니다.

8 $40cm^3$

풀이 부피가 $1cm^3$인 쌓기나무가 $4\times5\times2=40$(개)이므로 직육면체의 부피는 $40cm^3$입니다.

215a~215b

1 24개

풀이 밑면에 놓인 쌓기나무는 가로로 4줄, 세로로 6줄이므로 $4\times6=24$(개)입니다.

2 3층

3 4, 6, 3, 72

풀이 (쌓기나무의 개수)
=(가로 줄에 놓인 쌓기나무의 개수)
×(세로 줄에 놓인 쌓기나무의 개수)
×(층수)
=(가로)×(세로)×(높이)
$=4\times6\times3=72$(개)

4 $72cm^3$

풀이 직육면체의 부피는 부피가 $1cm^3$인 쌓기나무 72개와 같으므로 $72cm^3$입니다.

5 8, 5, 10, 400

풀이 (직육면체의 부피)
=(가로)×(세로)×(높이)
$=8\times5\times10=400(cm^3)$

6 11, 6, 7, 462
풀이 (직육면체의 부피)
=(가로)×(세로)×(높이)
$=11\times6\times7=462(cm^3)$

7 90, 4, 360
풀이 (직육면체의 부피)
=(한 밑면의 넓이)×(높이)
$=90\times4=360(cm^3)$

풀이 전개도를 접으면 다음과 같은 직육면체가 됩니다.

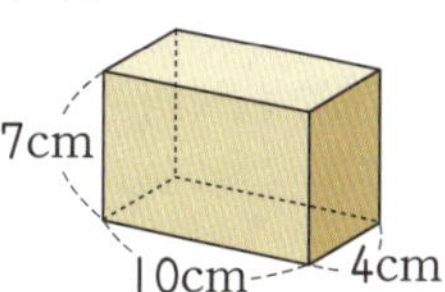

(직육면체의 부피)$=10\times4\times7=280(cm^3)$

216a~216b

1 $165cm^3$
풀이 (직육면체의 부피)$=5\times11\times3$
$=165(cm^3)$

2 $224cm^3$
풀이 (직육면체의 부피)$=4\times8\times7$
$=224(cm^3)$

3 $270cm^3$
풀이 (직육면체의 부피)$=9\times5\times6$
$=270(cm^3)$

4 $312cm^3$
풀이 (직육면체의 부피)$=13\times6\times4$
$=312(cm^3)$

5 $288cm^3$
풀이 (직육면체의 부피)$=72\times4$
$=288(cm^3)$

6 $280cm^3$
풀이 (직육면체의 부피)$=28\times10$
$=280(cm^3)$

7 나
풀이 (가의 부피)$=7\times5\times9=315(cm^3)$
(나의 부피)$=10\times8\times4=320(cm^3)$
따라서 부피가 더 큰 직육면체는 나입니다.

8 5cm
풀이 직육면체의 높이를 □cm라고 하면
$8\times6\times\square=240$, $48\times\square=240$
$\square=240\div48=5$(cm)
따라서 직육면체의 높이는 5cm입니다.

9 $280cm^3$

217a~217b

1 9개
풀이 밑면에 놓인 쌓기나무는 가로로 3줄, 세로로 3줄이므로 $3\times3=9$(개)입니다.

2 3층

3 3, 3, 3, 27
풀이 (쌓기나무의 개수)
=(가로 줄에 놓인 쌓기나무의 개수)
×(세로 줄에 놓인 쌓기나무의 개수)
×(층수)
=(가로)×(세로)×(높이)
$=3\times3\times3=27$(개)

4 $27cm^3$
풀이 정육면체의 부피는 부피가 $1cm^3$인 쌓기나무 27개와 같으므로 $27cm^3$입니다.

5 5, 5, 5, 125
풀이 (정육면체의 부피)
=(한 모서리의 길이)×(한 모서리의 길이)
×(한 모서리의 길이)
$=5\times5\times5=125(cm^3)$

6 7, 7, 7, 343
풀이 (정육면체의 부피)
=(한 모서리의 길이)×(한 모서리의 길이)
×(한 모서리의 길이)
$=7\times7\times7=343(cm^3)$

7 121, 11, 1331
풀이 (정육면체의 부피)
=(한 밑면의 넓이)×(높이)
$=121\times11=1331(cm^3)$

218a~218b

1 $64cm^3$

풀이 (정육면체의 부피)$=4\times4\times4$
$=64(cm^3)$

2 $216cm^3$

풀이 (정육면체의 부피)$=6\times6\times6$
$=216(cm^3)$

3 $512cm^3$

풀이 (정육면체의 부피)$=8\times8\times8$
$=512(cm^3)$

4 $1000cm^3$

풀이 (정육면체의 부피)$=10\times10\times10$
$=1000(cm^3)$

5 $125cm^3$

풀이 (정육면체의 부피)$=25\times5$
$=125(cm^3)$

6 $729cm^3$

풀이 (정육면체의 부피)$=81\times9$
$=729(cm^3)$

7 $1728cm^3$

풀이 (정육면체의 부피)$=12\times12\times12$
$=1728(cm^3)$

8 8배

풀이 (가의 부피)$=6\times6\times6=216(cm^3)$
(나의 부피)$=3\times3\times3=27(cm^3)$
따라서 가의 부피는 나의 부피의
$216\div27=8$(배)입니다.

9 $512cm^3$

풀이 정육면체의 한 모서리의 길이를 □cm라고 하면 □×□=64, □=8(cm)입니다.
(정육면체의 부피)$=8\times8\times8$
$=512(cm^3)$

219a~219b

1 1m / 1m / 1m

2 $1m^3$

풀이 100cm=1m이므로 정육면체의 부피는 $1m^3$입니다.

3 $1000000cm^3$

풀이 (정육면체의 부피)
$=100\times100\times100$
$=1000000(cm^3)$

4 1000000

풀이 한 모서리의 길이가 1m인 정육면체의 부피와 한 모서리의 길이가 100cm인 정육면체의 부피는 같으므로
$1m^3=1000000cm^3$입니다.

5 $72m^3$

풀이 (직육면체의 부피)$=3\times8\times3$
$=72(m^3)$

6 $154m^3$

풀이 (직육면체의 부피)$=7\times11\times2$
$=154(m^3)$

7 $216m^3$

풀이 (직육면체의 부피)$=4\times6\times9$
$=216(m^3)$

8 $200m^3$

풀이 (직육면체의 부피)$=10\times4\times5$
$=200(m^3)$

9 $125m^3$

풀이 (정육면체의 부피)$=5\times5\times5$
$=125(m^3)$

10 $512m^3$

풀이 (정육면체의 부피)$=8\times8\times8$
$=512(m^3)$

220a~220b

1 3000000

풀이 $1m^3=1000000cm^3$이므로
$3m^3=3000000cm^3$

2 12000000

풀이 $1m^3=1000000cm^3$이므로
$12m^3=12000000cm^3$

3 500000

풀이 $1m^3=1000000cm^3$이므로
$0.5m^3=500000cm^3$

4 4300000

풀이 $1m^3=1000000cm^3$이므로
$4.3m^3=4300000cm^3$

5 7

풀이 $1000000cm^3=1m^3$이므로
$7000000cm^3=7m^3$

6 25

풀이 $1000000cm^3=1m^3$이므로
$25000000cm^3=25m^3$

7 0.6

풀이 $1000000cm^3=1m^3$이므로
$600000cm^3=0.6m^3$

8 4.8

풀이 $1000000cm^3=1m^3$이므로
$4800000cm^3=4.8m^3$

9 64000000

풀이 한 모서리의 길이가 4m인 정육면체의 부피는 $4\times4\times4=64(m^3)$이고,
$1m^3=1000000cm^3$이므로
$64m^3=64000000cm^3$입니다.

10 67.5, 67500000

풀이 $150cm=1.5m$, $500cm=5m$이므로 직육면체의 부피는
$9\times5\times1.5=67.5(m^3)$입니다.
$1m^3=1000000cm^3$이므로
$67.5m^3=67500000cm^3$입니다.

11 나

풀이 (가의 부피)$=8\times5\times4=160(m^3)$
(나의 부피)$=300\times600\times900$
$=162000000(cm^3)$
$1000000cm^3=1m^3$이므로
$162000000cm^3=162m^3$입니다.
따라서 부피가 더 큰 직육면체는 나입니다.

12 $13.8m^3$

풀이 $150cm=1.5m$, $230cm=2.3m$이므로 직육면체의 부피는
$1.5\times4\times2.3=13.8(m^3)$입니다.

221a~221b

1 4

풀이 $1000cm^3=1L$이므로
$4000cm^3=4L$

2 1.3

풀이 $1000cm^3=1L$이므로
$1300cm^3=1.3L$

3 6000

풀이 $1L=1000cm^3$이므로
$6L=6000cm^3$

4 7500

풀이 $1L=1000cm^3$이므로
$7.5L=7500cm^3$

5 8

풀이 $1cm^3=1mL$이므로 $8cm^3=8mL$

6 400

풀이 $1cm^3=1mL$이므로
$400cm^3=400mL$

7 15

풀이 $1mL=1cm^3$이므로
$15mL=15cm^3$

8 3.6

풀이 $1mL=1cm^3$이므로
$3.6mL=3.6cm^3$

9 0.2

풀이 $1000mL=1L$이므로
$200mL=0.2L$

10 1800

풀이 $1L=1000mL$이므로
$1.8L=1800mL$

11 30000, 30

풀이 (물의 부피)$=50\times20\times30$
$=30000(cm^3)$
$1000cm^3=1L$이므로 그릇의 들이는
$30000cm^3=30L$입니다.

12 300, 300

풀이 (물의 부피)$=10\times6\times5$
$=300(cm^3)$
$1cm^3=1mL$이므로 그릇의 들이는
$300cm^3=300mL$입니다.

222a~222b

1 $4500cm^3$

풀이 (물의 부피)$=30\times15\times10$

$=4500(cm^3)$

2 4.5L

풀이 $1000cm^3=1L$이므로

$4500cm^3=4.5L$

3 4500mL

풀이 $1cm^3=1mL$이므로

$4500cm^3=4500mL$

4 4.5, 4500

풀이 $1000cm^3=1L=1000mL$이므로

$4500cm^3=4.5L=4500mL$

5 7.5L

풀이 $25\times10\times30=7500(cm^3)$이고, $1000cm^3=1L$이므로 그릇의 들이는 $7500cm^3=7.5L$입니다.

6 12.6L

풀이 $42\times20\times15=12600(cm^3)$이고, $1000cm^3=1L$이므로 그릇의 들이는 $12600cm^3=12.6L$입니다.

7 14cm

풀이 $12.6L=12600cm^3$이므로 안치수의 높이를 □cm라고 하면

$30\times30\times□=12600$

$900\times□=12600$

$□=12600\div900=14(cm)$

따라서 안치수의 높이는 14cm입니다.

8 3.6L

풀이 직육면체 모양의 그릇에 물을 반만 채웠으므로 그릇에 들어 있는 물의 높이는 10cm가 됩니다.

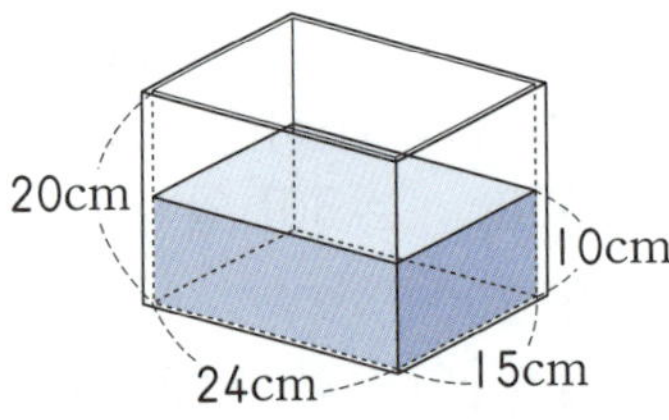

그릇에 들어 있는 물의 부피는 $24\times15\times10=3600(cm^3)$이고, $1000cm^3=1L$이므로 그릇에 들어 있는 물은 $3600cm^3=3.6L$입니다.

223a~223b 창의력 학습

a 다

풀이 (가의 부피)$=8\times10\times15$

$=1200(cm^3)$

(나의 부피)$=14\times11\times6=924(cm^3)$

(다의 부피)$=13\times8\times13=1352(cm^3)$

따라서 부피가 가장 큰 선물은 다입니다.

b $540cm^3$

풀이 금덩이의 부피는 금덩이를 빼었을 때 줄어든 물의 부피와 같습니다. 따라서 금덩이의 부피는 $15\times12\times3=540(cm^3)$입니다.

224a~225b 경시대회 예상문제

1 4

풀이 (정육면체의 겉넓이)$=8\times8\times6$

$=384(cm^2)$

(직육면체의 겉넓이)

$=(12\times9)\times2+(12+9+12+9)\times□$

$=384(cm^2)$

$216+42\times□=384$

$□=(384-216)\div42=4(cm)$

2 $988cm^2$

풀이 위와 앞에서 본 모양에서 직육면체의 가로, 세로, 높이는 각각 16cm, 9cm, 14cm임을 알 수 있습니다.

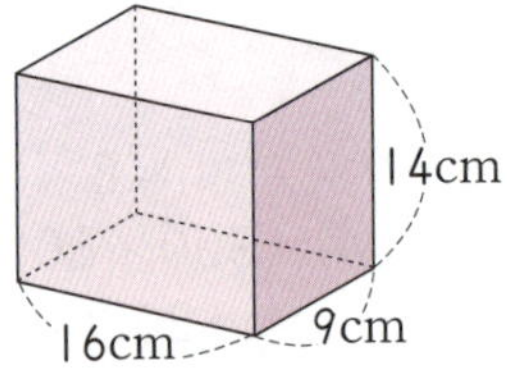

(직육면체의 겉넓이)

$=(16\times9)\times2+(16+9+16+9)\times14$

$=288+700=988(cm^2)$

3 $343cm^3$

풀이 정육면체의 한 모서리의 길이를 □cm라고 하면

$□\times□\times6=294$,

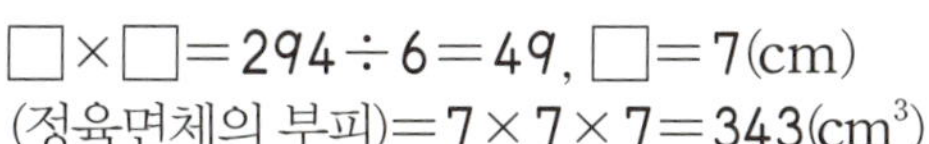

□×□=294÷6=49, □=7(cm)

(정육면체의 부피)=7×7×7=343(cm^3)

4 728cm^3

풀이 입체도형을 가와 나의 두 부분으로 나누어 부피를 구한 후 더해 줍니다.

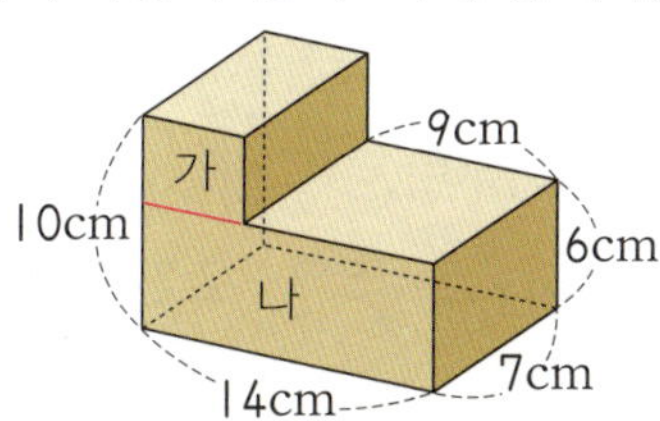

(가의 부피)=5×7×4=140(cm^3)

(나의 부피)=14×7×6=588(cm^3)

(입체도형의 부피)

=(가의 부피)+(나의 부피)

=140+588=728(cm^3)

5 40cm

풀이 1L=1000cm^{3}이므로

64L=64000cm^{3}입니다.

정육면체의 한 모서리의 길이를 □cm라고 하면

□×□×□=64000, □=40(cm)

따라서 정육면체의 한 모서리의 길이는 40cm입니다.

6 9cm

풀이 (돌을 넣기 전의 물의 부피)

=25×14×15−2100

=5250−2100=3150(cm^3)

돌을 넣기 전 그릇의 물의 높이를 □cm라고 하면

25×14×□=3150, 350×□=3150

□=3150÷350=9(cm)

따라서 돌을 넣기 전의 물의 높이는 9cm입니다.

7 (직육면체의 부피)=12×15×8

=1440(cm^3)

늘인 직육면체의 가로, 세로, 높이는 각각 13cm, 16cm, 9cm이므로

(늘인 직육면체의 부피)=13×16×9

=1872(cm^3)

따라서 부피는 1872−1440=432(cm^3) 늘어납니다.

[답] 432cm^3

평가 기준

상	처음 직육면체의 부피와 늘인 직육면체의 부피를 구하고 답을 바르게 구한 경우
중	처음 직육면체의 부피와 늘인 직육면체의 부피를 구하였으나 답을 구하지 못한 경우
하	풀이 과정과 답을 구하지 못한 경우

8 9번

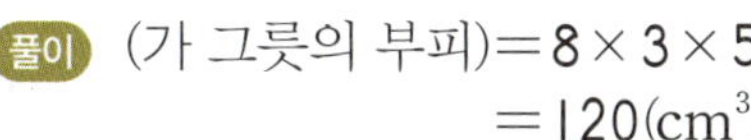

풀이 (가 그릇의 부피)=8×3×5

=120(cm^3)

(나 그릇의 부피)=12×10×9

=1080(cm^3)

따라서 나 그릇에 물을 가득 채우려면 가 그릇에 물을 가득 채워

1080÷120=9(번) 부어야 합니다.

9 1L=1000cm^{3}이므로 7L=7000cm^{3}입니다.

물의 높이를 □cm라고 하면

25×20×□=7000, 500×□=7000

□=7000÷500=14

따라서 물의 높이는 14cm가 됩니다.

[답] 14cm

평가 기준

상	cm^{3}와 L 사이의 관계를 알고 답을 바르게 구한 경우
중	cm^{3}와 L 사이의 관계는 알았으나 답을 구하지 못한 경우
하	풀이 과정과 답을 구하지 못한 경우

10 420cm^3

풀이 구슬 5개의 부피는 구슬을 넣었을 때 늘어난 물의 부피와 같습니다.

따라서 구슬 5개의 부피는

28×25×3=2100(cm^3)이므로 구슬 한 개의 부피는 2100÷5=420(cm^3)입니다.

226a~229b

1 11.2 또는 $11\frac{1}{5}$

풀이 $8.4\div\frac{3}{4}=8.4\div0.75=11.2$

[다른 풀이]

$8.4\div\frac{3}{4}=\frac{84}{10}\div\frac{3}{4}=\frac{\overset{28}{\cancel{84}}}{\underset{5}{\cancel{10}}}\times\frac{\overset{2}{\cancel{4}}}{\underset{1}{\cancel{3}}}$

$=\frac{56}{5}=11\frac{1}{5}$

2 1.5 또는 $1\frac{1}{2}$

풀이 $2.7\div1\frac{4}{5}=2.7\div1.8=1.5$

[다른 풀이]

$2.7\div1\frac{4}{5}=\frac{27}{10}\div\frac{9}{5}=\frac{\overset{3}{\cancel{27}}}{\underset{2}{\cancel{10}}}\times\frac{\overset{1}{\cancel{5}}}{\underset{1}{\cancel{9}}}$

$=\frac{3}{2}=1\frac{1}{2}$

3 2

풀이 $4.5\div2\frac{1}{4}=4.5\div2.25=2$

[다른 풀이]

$4.5\div2\frac{1}{4}=\frac{45}{10}\div\frac{9}{4}=\frac{\overset{1}{\cancel{\overset{5}{\cancel{45}}}}}{\underset{1}{\cancel{\underset{5}{\cancel{10}}}}}\times\frac{\overset{2}{\cancel{4}}}{\underset{1}{\cancel{9}}}=2$

4 0.72 또는 $\frac{18}{25}$

풀이 $1.35\div1\frac{7}{8}=1.35\div1.875=0.72$

[다른 풀이]

$1.35\div1\frac{7}{8}=\frac{135}{100}\div\frac{15}{8}=\frac{\overset{9}{\cancel{135}}}{\underset{25}{\cancel{100}}}\times\frac{\overset{2}{\cancel{8}}}{\underset{1}{\cancel{15}}}$

$=\frac{18}{25}$

5 24

풀이 $4\frac{4}{5}\div0.2=4\frac{4}{5}\div\frac{2}{10}=\frac{\overset{12}{\cancel{24}}}{\underset{1}{\cancel{5}}}\times\frac{\overset{2}{\cancel{10}}}{\underset{1}{\cancel{2}}}$

$=24$

[다른 풀이]

$4\frac{4}{5}\div0.2=4.8\div0.2=24$

6 $2\frac{1}{2}$ 또는 2.5

풀이 $5\frac{1}{2}\div2.2=5\frac{1}{2}\div\frac{22}{10}=\frac{\overset{1}{\cancel{11}}}{\underset{1}{\cancel{2}}}\times\frac{\overset{5}{\cancel{10}}}{\underset{2}{\cancel{22}}}$

$=\frac{5}{2}=2\frac{1}{2}$

[다른 풀이]

$5\frac{1}{2}\div2.2=5.5\div2.2=2.5$

7 $2\frac{9}{10}$ 또는 2.9

풀이 $3\frac{5}{8}\div1.25=3\frac{5}{8}\div\frac{125}{100}$

$=\frac{29}{\underset{2}{\cancel{8}}}\times\frac{\overset{1}{\cancel{\overset{25}{\cancel{100}}}}}{\underset{5}{\cancel{125}}}=\frac{29}{10}$

$=2\frac{9}{10}$

[다른 풀이]

$3\frac{5}{8}\div1.25=3.625\div1.25=2.9$

8 $15\frac{5}{8}$ 또는 15.625

풀이 $3\frac{3}{4}\div0.24=3\frac{3}{4}\div\frac{24}{100}$

$=\frac{\overset{5}{\cancel{15}}}{\underset{1}{\cancel{4}}}\times\frac{\overset{25}{\cancel{100}}}{\underset{8}{\cancel{24}}}$

$=\frac{125}{8}=15\frac{5}{8}$

[다른 풀이]

$3\frac{3}{4}\div0.24=3.75\div0.24=15.625$

9 $8\frac{1}{2}\div1.8=8.5\div1.8=4.72\cdots\cdots$ ➡ 4.7

10 ④

풀이 ① $2\frac{4}{5}\div0.8=2.8\div0.8=3.5$

② $1\frac{5}{8}\div2.5=1.625\div2.5=0.65$

③ $\frac{7}{16}\div0.5=0.4375\div0.5=0.875$

④ $2\frac{3}{25}\div1.5=2.12\div1.5=1.413\cdots\cdots$

⑤ $3\frac{1}{2}\div0.2=3.5\div0.2=17.5$

11 $\frac{18}{25}$ / 0.72

풀이 [소수를 분수로 고쳐서 계산하기]

$2.7\div3\frac{3}{4}=\frac{27}{10}\div\frac{15}{4}=\frac{\overset{9}{\cancel{27}}}{\underset{5}{\cancel{10}}}\times\frac{\overset{2}{\cancel{4}}}{\underset{5}{\cancel{15}}}=\frac{18}{25}$

[분수를 소수로 고쳐서 계산하기]

$2.7\div3\frac{3}{4}=2.7\div3.75=0.72$

12 (위에서부터) $1\frac{5}{13}$, $1\frac{9}{25}$, $1\frac{3}{17}$, $1\frac{7}{45}$

풀이 $3\frac{3}{5}\div2.6=3\frac{3}{5}\div\frac{26}{10}=\frac{\overset{9}{\cancel{18}}}{\underset{1}{\cancel{5}}}\times\frac{\overset{2}{\cancel{10}}}{\underset{13}{\cancel{26}}}$

$=\frac{18}{13}=1\frac{5}{13}$

$3.06\div2\frac{1}{4}=\frac{306}{100}\div\frac{9}{4}=\frac{\overset{34}{\cancel{306}}}{\underset{25}{\cancel{100}}}\times\frac{\overset{1}{\cancel{4}}}{\underset{1}{\cancel{9}}}$

$=\frac{34}{25}=1\frac{9}{25}$

$3\frac{3}{5}\div3.06=3\frac{3}{5}\div\frac{306}{100}=\frac{\overset{1}{\cancel{18}}}{\underset{1}{\cancel{5}}}\times\frac{\overset{20}{\cancel{100}}}{\underset{17}{\cancel{306}}}$

$=\frac{20}{17}=1\frac{3}{17}$

$2.6\div2\frac{1}{4}=\frac{26}{10}\div\frac{9}{4}=\frac{26}{\underset{5}{\cancel{10}}}\times\frac{\overset{2}{\cancel{4}}}{9}=\frac{52}{45}$

$=1\frac{7}{45}$

13 $<$

풀이 $2\frac{5}{8}\div1.4=2\frac{5}{8}\div\frac{14}{10}=\frac{\overset{3}{\cancel{21}}}{\underset{4}{\cancel{8}}}\times\frac{\overset{5}{\cancel{10}}}{\underset{2}{\cancel{14}}}$

$=\frac{15}{8}=1\frac{7}{8}$

$4.8\div2\frac{1}{4}=\frac{48}{10}\div\frac{9}{4}=\frac{\overset{16}{\cancel{48}}}{\underset{5}{\cancel{10}}}\times\frac{\overset{2}{\cancel{4}}}{\underset{3}{\cancel{9}}}$

$=\frac{32}{15}=2\frac{2}{15}$

➡ $1\frac{7}{8}<2\frac{2}{15}$

14 3.25

풀이 $1.95\div\square=\frac{3}{5}$

$\square=1.95\div\frac{3}{5}=1.95\div0.6=3.25$

15 $2\frac{4}{5}$m 또는 2.8m

풀이 화단의 가로를 □m라고 하면

$\square\times3\frac{1}{4}=9.1$

$\square=9.1\div3\frac{1}{4}=\frac{91}{10}\div\frac{13}{4}=\frac{\overset{7}{\cancel{91}}}{\underset{5}{\cancel{10}}}\times\frac{\overset{2}{\cancel{4}}}{\underset{1}{\cancel{13}}}$

$=\frac{14}{5}=2\frac{4}{5}$(m)

16 $1\frac{7}{10}$배 또는 1.7배

풀이 $63\frac{3}{4}\div37.5=63\frac{3}{4}\div\frac{375}{10}$

$=\frac{\overset{17}{\cancel{255}}}{\underset{2}{\cancel{4}}}\times\frac{\overset{1}{\cancel{\overset{5}{\cancel{10}}}}}{\underset{5}{\cancel{\underset{25}{\cancel{375}}}}}$

$=\frac{17}{10}=1\frac{7}{10}$(배)

17 $\frac{2}{7}$kg

풀이 $1\frac{14}{25}\div5.46=1\frac{14}{25}\div\frac{546}{100}$

$=\frac{\overset{1}{\cancel{39}}}{\underset{1}{\cancel{25}}}\times\frac{\overset{2}{\cancel{\overset{4}{\cancel{100}}}}}{\underset{7}{\cancel{\underset{14}{\cancel{546}}}}}=\frac{2}{7}$(kg)

18 14개

풀이 $4.83\div\frac{7}{20}=\frac{483}{100}\div\frac{7}{20}$

$=\frac{\overset{69}{\cancel{483}}}{\underset{5}{\cancel{100}}}\times\frac{\overset{1}{\cancel{20}}}{\underset{1}{\cancel{7}}}$

$=\frac{69}{5}=13\frac{4}{5}$

따라서 물을 남지 않게 따르려면 컵은 적어도 14개 필요합니다.

19 $3.25-1\frac{7}{8}\div2.5=2.5$

① $1\frac{7}{8}\div2.5$ ② $3.25-$

풀이 $3.25-1\frac{7}{8}\div2.5$

$=3.25-1.875\div2.5$

$=3.25-0.75=2.5$

20 $2.1\div(3\frac{3}{4}\times4.2)=\frac{2}{15}$

① $3\frac{3}{4}\times4.2$ ② $2.1\div$

풀이 $2.1\div(3\frac{3}{4}\times4.2)$

$=\frac{21}{10}\div(\frac{\cancel{15}^{3}}{\cancel{4}_{2}}\times\frac{\cancel{42}^{21}}{\cancel{10}_{2}})=\frac{21}{10}\div\frac{63}{4}$

$=\frac{\cancel{21}^{1}}{\cancel{10}_{5}}\times\frac{\cancel{4}^{2}}{\cancel{63}_{3}}=\frac{2}{15}$

21 $1.2\times2\frac{1}{4}-0.8\div\frac{1}{2}=1.1$

① $1.2\times2\frac{1}{4}$ ② $0.8\div\frac{1}{2}$ ③ ①$-$②

풀이 $1.2\times2\frac{1}{4}-0.8\div\frac{1}{2}$

$=1.2\times2.25-0.8\div0.5$

$=2.7-1.6=1.1$

22 $1\frac{3}{8}$ 또는 1.375

풀이 $0.3\div\frac{3}{8}+6.75\times\frac{1}{2}-2\frac{4}{5}$

$=\frac{3}{10}\div\frac{3}{8}+6.75\times\frac{1}{2}-2\frac{4}{5}$

$=\frac{\cancel{3}^{1}}{\cancel{10}_{5}}\times\frac{\cancel{8}^{4}}{\cancel{3}_{1}}+\frac{\cancel{675}^{27}}{\cancel{100}_{4}}\times\frac{1}{2}-2\frac{4}{5}$

$=\frac{4}{5}+\frac{27}{8}-2\frac{4}{5}$

$=1\frac{3}{8}$

23 2.2 또는 $2\frac{1}{5}$

풀이 $4\frac{1}{2}\times0.6-4.5\div2\frac{1}{2}+1.3$

$=4.5\times0.6-4.5\div2.5+1.3$

$=2.7-1.8+1.3$

$=2.2$

24 0.18 또는 $\frac{9}{50}$

풀이 $2.25\times\frac{3}{5}\div(0.75+\frac{1}{2})-0.9$

$=2.25\times0.6\div(0.75+0.5)-0.9$

$=2.25\times0.6\div1.25-0.9$

$=1.08-0.9$

$=0.18$

25 2.375 또는 $2\frac{3}{8}$

풀이 $3\frac{1}{2}-2.25\div(1\frac{2}{3}\times0.75+\frac{3}{4})$

$=3\frac{1}{2}-2.25\div(\frac{\cancel{5}^{1}}{\cancel{3}_{1}}\times\frac{\cancel{\cancel{75}}^{\cancel{25}\,5}}{\cancel{100}_{\cancel{20}\,4}}+\frac{3}{4})$

$=3\frac{1}{2}-2.25\div(\frac{5}{4}+\frac{3}{4})$

$=3.5-2.25\div2$

$=3.5-1.125$

$=2.375$

26 1.65 또는 $1\frac{13}{20}$

풀이 $5.4\div2\frac{2}{5}\times1.4-1\frac{1}{2}$

$=5.4\div2.4\times1.4-1.5$

$=3.15-1.5$

$=1.65$

27 4, 2, 3, 1 / 2.92 또는 $\frac{23}{25}$

풀이 $9.32-1\frac{1}{2}\div0.75\times(2.4+\frac{4}{5})$

$=9.32-1.5\div0.75\times3.2$

$=9.32-2\times3.2$
$=9.32-6.4$
$=2.92$

28 $5.7-(3\frac{1}{5}\div2\frac{2}{3}+0.5)=4$

풀이 $(5.7-3\frac{1}{5})\div2\frac{2}{3}+0.5=1\frac{7}{16}$

$5.7-3\frac{1}{5}\div(2\frac{2}{3}+0.5)=4\frac{131}{190}$

$5.7-(3\frac{1}{5}\div2\frac{2}{3}+0.5)=4$

29 10개

풀이 $1\frac{1}{4}\times18\div2.25$

$=1\frac{1}{4}\times18\div\frac{225}{100}$

$=\frac{5}{4}\times18\times\frac{100}{225}=10$(개)

30 3.12L 또는 $3\frac{3}{25}$L

풀이 $(24\frac{1}{2}-3.7)\times\frac{3}{5}\div4$

$=(24.5-3.7)\times0.6\div4$
$=20.8\times0.6\div4$
$=3.12$(L)

31 0.82 또는 $\frac{41}{50}$

풀이 어떤 수를 □라고 하면

$(\square-1.4)\times2\frac{7}{10}=8.64$

$\square=8.64\div2\frac{7}{10}+1.4$
$=8.64\div2.7+1.4$
$=3.2+1.4$
$=4.6$

따라서 어떤 수는 4.6이므로 바르게 계산하면

$4.6-(1.4\times2\frac{7}{10})=4.6-(1.4\times2.7)$
$=4.6-3.78$
$=0.82$

230a~233b

1 나, 아 **2** 라, 바

3 예 위아래에 있는 면이 서로 합동인 원으로 되어 있지 않으므로 원기둥이 아닙니다.

4

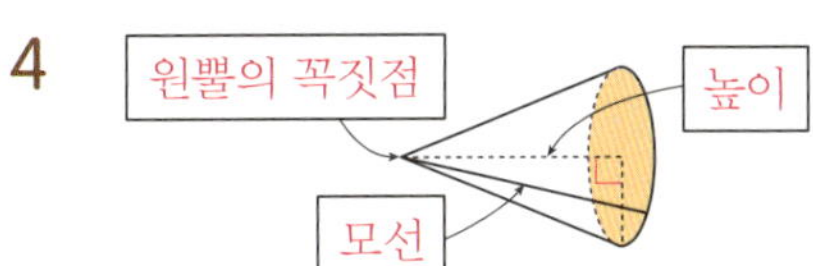

5 ①, ⑤

풀이 ②

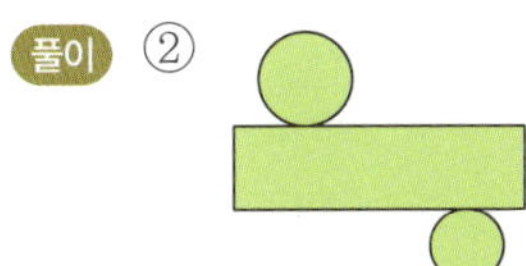

두 밑면이 서로 합동이 아니므로 원기둥의 전개도가 아닙니다.

③

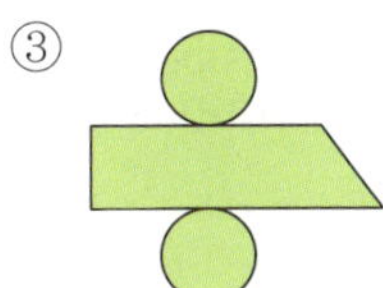

옆면이 직사각형이 아니므로 원기둥의 전개도가 아닙니다.

④

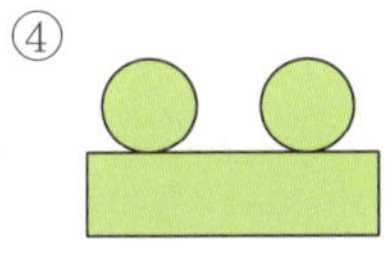

두 밑면이 서로 마주 보는 곳에 위치하지 않았으므로 원기둥의 전개도가 아닙니다.

6 밑면의 지름

7 3cm

풀이 원뿔에서 모선의 길이는 15cm, 높이는 12cm이므로 모선의 길이와 높이의 차는 15－12＝3(cm)입니다.

8 ㉠, ㉡

풀이 ㉢ 원뿔의 옆면은 굽은 면으로 둘러싸여 있습니다.

9 다

풀이 위에서 본 모양은 가, 나, 라는 원이고, 다는 직사각형입니다.

10 예 [같은 점] 밑면의 모양이 원입니다.
[다른 점] 원기둥의 밑면은 2개이고, 원뿔의 밑면은 1개입니다.

11 124.48cm

풀이 (옆면의 가로)＝(한 밑면의 둘레)
＝8×2×3.14
＝50.24(cm)

(옆면의 둘레)=(50.24+12)×2
=124.48(cm)

12 ④

풀이 ④ 원기둥의 높이는 두 밑면 사이의 거리이므로 재는 위치에 상관없이 항상 같습니다.

13 가, 다, 라

풀이 회전체는 회전축에 대하여 왼쪽과 오른쪽 모양이 같습니다.

14

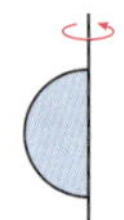

풀이 구는 반원을 회전축을 중심으로 하여 한 번 돌려 얻은 것입니다.

15

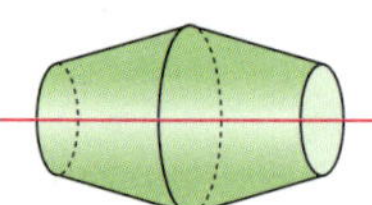

풀이 회전축에 대하여 왼쪽과 오른쪽 모양이 같아지도록 회전축을 그립니다.

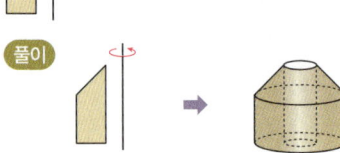

16

풀이

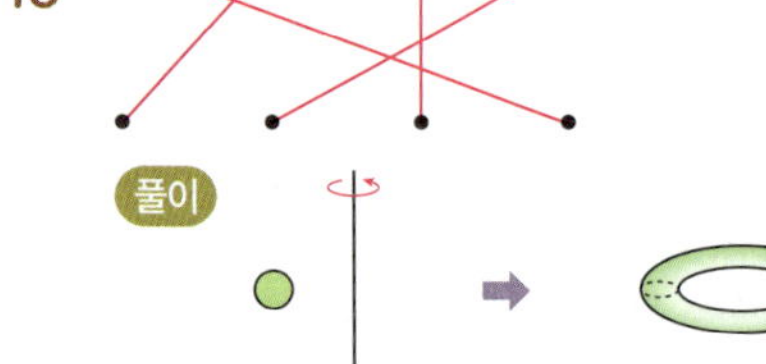

17

풀이

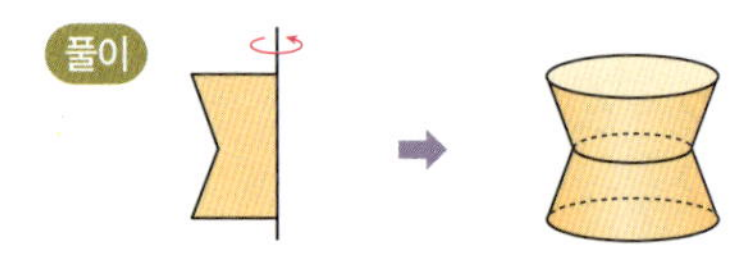

18

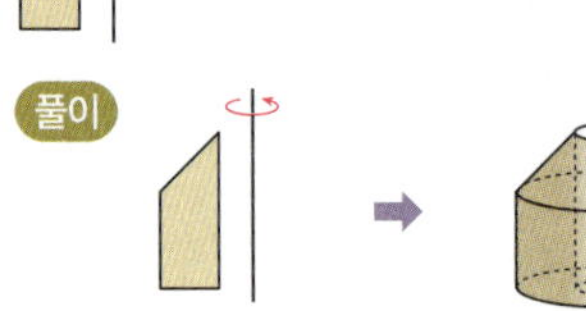

19 ④

풀이 회전체의 회전축은 다음과 같습니다.

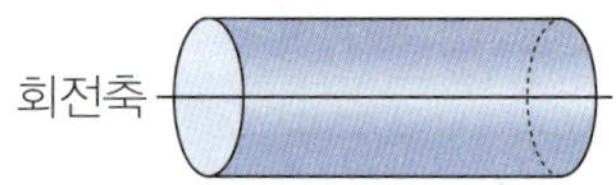

따라서 회전축에 수직인 방향으로 자른 것은 ④입니다.

20

풀이

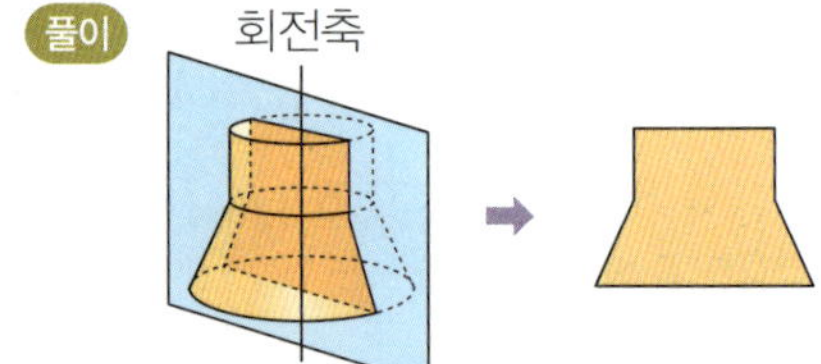

21

풀이

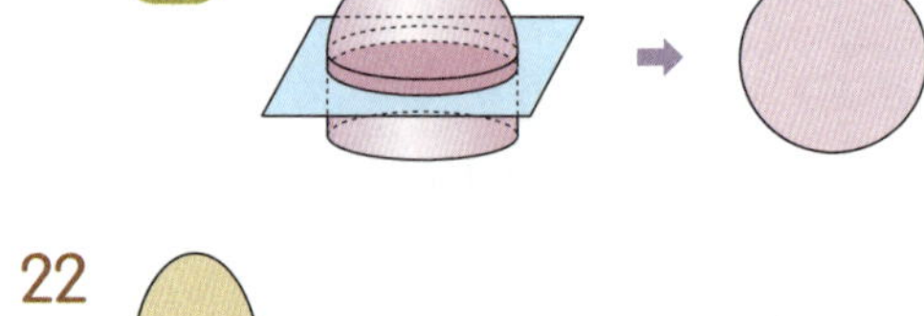

22

풀이

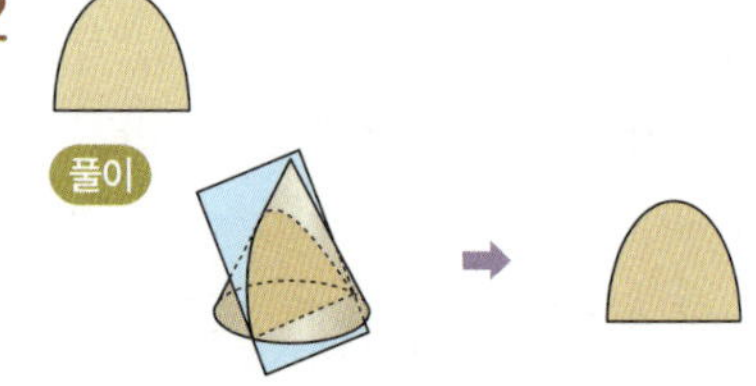

23 ㉠, ㉡, ㉢, ㉣

풀이 ㉠

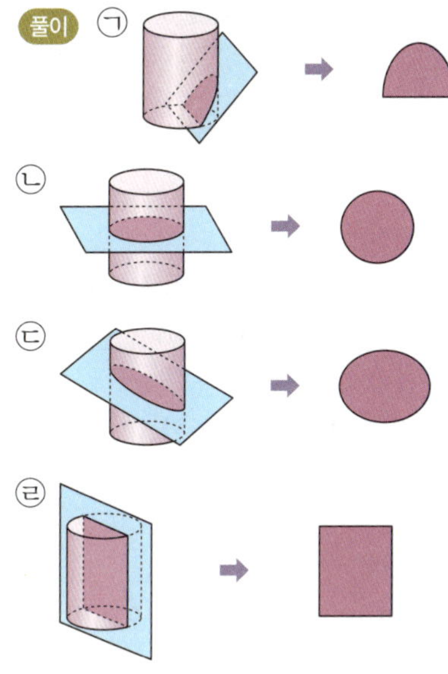

ⓛ

ⓒ

ⓔ

24 200.96cm^2

풀이 가장 큰 단면이 되기 위해서는 평면이 구의 중심을 지나도록 잘라야 합니다. 따라서 가장 큰 단면은 반지름이 8cm인 원이므로 넓이는
$8\times8\times3.14=200.96(\text{cm}^2)$입니다.

25 150cm^2

풀이 회전체를 회전축을 품은 평면으로 잘랐을 때의 단면은 다음과 같습니다.

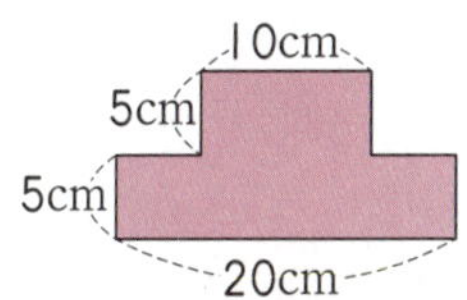

(단면의 넓이)$=10\times5+20\times5$
$=50+100=150(\text{cm}^2)$

234a~237b

1 105, 176, 386

풀이 (한 밑면의 넓이)$=15\times7$
$=105(\text{cm}^2)$
(옆넓이)$=(15+7+15+7)\times4$
$=44\times4=176(\text{cm}^2)$
(직육면체의 겉넓이)$=105\times2+176$
$=386(\text{cm}^2)$

2 234cm^2

풀이 (직육면체의 겉넓이)
$=(6\times3)\times2+(6+3+6+3)\times11$
$=36+198=234(\text{cm}^2)$

3 276cm^2

풀이 (직육면체의 겉넓이)
$=(10\times4)\times2+(10+4+10+4)\times7$
$=80+196=276(\text{cm}^2)$

4 486cm^2

풀이 (정육면체의 겉넓이)$=9\times9\times6$
$=486(\text{cm}^2)$

5 11cm

풀이 정육면체의 한 모서리의 길이를 □cm라고 하면
$\square\times\square\times6=726$
$\square\times\square=121$, $\square=11(\text{cm})$

6 나

풀이 같은 크기의 나무 도막을 나 상자에 더 많이 담을 수 있으므로 부피가 더 큰 상자는 나입니다.

7 32cm^3

풀이 부피가 1cm^3인 쌓기나무가
$4\times4\times2=32$(개)이므로 직육면체의 부피는 32cm^3입니다.

8 378cm^3

풀이 (직육면체의 부피)$=9\times7\times6$
$=378(\text{cm}^3)$

9 352cm^3

풀이 (직육면체의 부피)$=4\times11\times8$
$=352(\text{cm}^3)$

10 150cm^2, 125cm^3

풀이 (정육면체의 겉넓이)$=5\times5\times6$
$=150(\text{cm}^2)$
(정육면체의 부피)$=5\times5\times5=125(\text{cm}^3)$

11 9cm

풀이 직육면체의 높이를 □cm라고 하면
$56\times\square=504$, $\square=504\div56=9(\text{cm})$
따라서 직육면체의 높이는 9cm입니다.

12 가

풀이 (가의 부피)$=15\times11\times4$
$=660(\text{cm}^3)$

(나의 부피)$=6\times9\times12=648$(cm^3)
따라서 부피가 더 큰 직육면체는 가입니다.

13 15

풀이 $8\times\square\times13=1560$
$\square=1560\div13\div8=15$(cm)

14 4배

풀이 (가의 부피)$=12\times8\times6$
$=576$(cm^3)
(나의 부피)$=24\times8\times12=2304$(cm^3)
따라서 나의 부피는 가의 부피의
$2304\div576=4$(배)입니다.

15 56m^3

풀이 (직육면체의 부피)$=7\times4\times2$
$=56$(m^3)

16 (1) 13000000 (2) 70.3

풀이 (1) 1m^3=1000000cm^{3}이므로
13m^3=13000000cm^3
(2) 1000000cm^3=1m^{3}이므로
70300000cm^3=70.3m^3

17 25m^3, 25000000cm^3

풀이 250cm=2.5m이므로
(직육면체의 부피)$=2\times5\times2.5$
$=25$(m^3)
1m^3=1000000cm^{3}이므로
25m^3=25000000cm^3

18 가, 1.8m^3

풀이 (가의 부피)$=450\times240\times350$
$=37800000$(cm^3)
$=37.8$(m^3)
(나의 부피)$=6\times3\times2=36$(m^3)
따라서 가의 부피가 $37.8-36=1.8$(m^3) 더 큽니다.

19 ④

풀이 ④ 1L=1000cm^{3}이므로
63L=63000cm^3

20 590cm^2

풀이 위와 앞에서 본 모양에서 직육면체의 가로, 세로, 높이는 각각 11cm, 5cm, 15cm임을 알 수 있습니다.

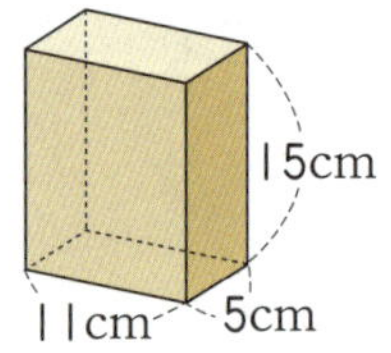

(직육면체의 겉넓이)
$=(11\times5)\times2+(11+5+11+5)\times15$
$=110+480=590$(cm^2)

21 6cm

풀이 직육면체의 높이를 $\square$cm라고 하면
$(10\times7)\times2+(10+7+10+7)\times\square$
$=344$
$140+34\times\square=344$
$\square=(344-140)\div34=6$(cm)

22 ㉡, ㉣, ㉢, ㉠

풀이 ㉠ 490000cm^3=0.49m^3
㉡ 3.8m^3
㉢ 1030000cm^3=1.03m^3
㉣ 2.9m^3
➡ ㉡>㉣>㉢>㉠

23 9.8L

풀이 $35\times20\times14=9800$(cm^3)이고,
1000cm^3=1L이므로 그릇의 들이는
9800cm^3=9.8L입니다.

24 208cm^3

풀이 전체에서 부분을 빼어 구합니다.

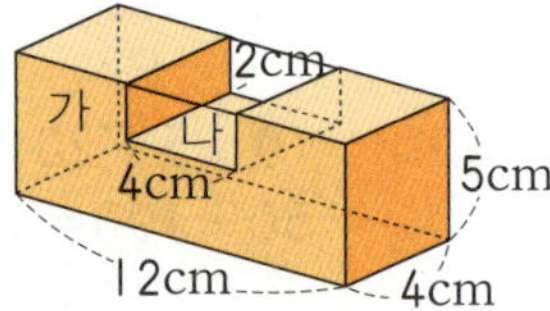

(가+나의 부피)$=12\times4\times5=240$(cm^3)
(나의 부피)$=4\times4\times2=32$(cm^3)
(입체도형의 부피)
=(가+나의 부피)−(나의 부피)
$=240-32=208$(cm^3)

25 216cm^3

풀이 부피가 27cm^{3}인 정육면체의 한 모서리의 길이를 $\square$cm라고 하면
$\square\times\square\times\square=27$, $\square=3$(cm)입니다.
(새로 만들어진 정육면체의 부피)
$=6\times6\times6=216$(cm^3)

26 $1080cm^3$

풀이 돌의 부피는 돌을 넣었을 때 늘어난 물의 부피와 같습니다. 따라서 돌의 부피는 $24 \times 15 \times 3 = 1080(cm^3)$입니다.

27 5cm

풀이 $1L = 1000cm^3$이므로 $2.7L = 2700cm^3$입니다.
물의 높이를 □cm라고 하면
$30 \times 18 \times □ = 2700$, $540 \times □ = 2700$
$□ = 2700 \div 540 = 5(cm)$
따라서 물의 높이는 5cm가 됩니다.

238a~238b 창의력 학습

a (　)(　)(○)

b (1) 예 4개의 직육면체 모양의 나무 도막의 겉넓이가 $400cm^2$ 더 넓습니다.
(2) 예 부피가 서로 같습니다.

풀이 (1) (정육면체 모양의 나무 도막의 겉넓이)
$= 10 \times 10 \times 6 = 600(cm^2)$
(4개의 직육면체 모양의 나무 도막의 겉넓이)
$= \{(5 \times 5) \times 2 + (5+5+5+5) \times 10\} \times 4$
$= (50 + 200) \times 4$
$= 1000(cm^2)$
따라서 4개의 직육면체 모양의 나무 도막의 겉넓이가 $1000 - 600 = 400(cm^2)$ 더 넓습니다.
(2) (정육면체 모양의 나무 도막의 부피)
$= 10 \times 10 \times 10 = 1000(cm^3)$
(4개의 직육면체 모양의 나무 도막의 부피)
$= (5 \times 5 \times 10) \times 4$
$= 250 \times 4 = 1000(cm^3)$
따라서 정육면체 모양의 나무 도막의 부피와 4개의 직육면체 모양의 나무 도막의 부피는 서로 같습니다.

239a~240b 경시대회 예상문제

1 ㉡, ㉠, ㉢, ㉣

풀이 ㉠ $1.85 \div \frac{1}{2} = 1.85 \div 0.5 = 3.7$
㉡ $9.45 \div 2\frac{1}{4} = 9.45 \div 2.25 = 4.2$
㉢ $2.07 \div \frac{3}{5} = 2.07 \div 0.6 = 3.45$
㉣ $4.03 \div 1\frac{3}{10} = 4.03 \div 1.3 = 3.1$
➡ ㉡>㉠>㉢>㉣

2 4.2cm 또는 $4\frac{1}{5}$cm

풀이 사다리꼴의 높이를 □cm라고 하면
$(2\frac{1}{4} + 3.75) \times □ \div 2 = 12.6$
$□ = 12.6 \times 2 \div (2\frac{1}{4} + 3.75)$
$= 12.6 \times 2 \div (2.25 + 3.75)$
$= 12.6 \times 2 \div 6 = 4.2(cm)$

3 17.85 또는 $17\frac{17}{20}$

풀이 $2\frac{1}{2}$ ◆ 4.25
$= (2\frac{1}{2} + 4.25 \div 2\frac{1}{2}) \times 4.25$
$= (2.5 + 4.25 \div 2.5) \times 4.25$
$= (2.5 + 1.7) \times 4.25$
$= 4.2 \times 4.25 = 17.85$

4 $113.04cm^2$

풀이 원기둥의 전개도에서 옆면의 가로를 □cm라고 하면
$(□ + 8) \times 2 = 91.36$
$□ = 91.36 \div 2 - 8 = 37.68(cm)$
원기둥의 한 밑면의 반지름을 △cm라고 하면
$△ \times 2 \times 3.14 = 37.68$
$△ = 37.68 \div 3.14 \div 2 = 6(cm)$
따라서 원기둥의 한 밑면의 넓이는
$6 \times 6 \times 3.14 = 113.04(cm^2)$입니다.

5

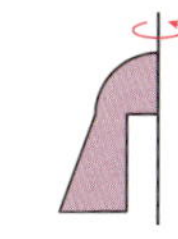

풀이

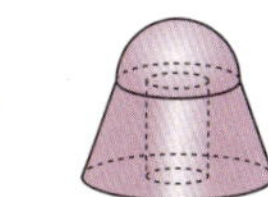

6 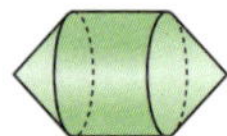

풀이 회전축에 대하여 왼쪽과 오른쪽 모양이 같도록 회전체를 그립니다.

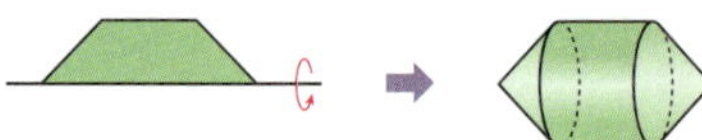

7 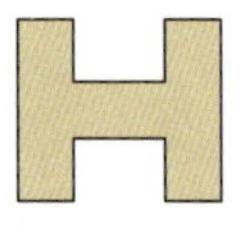

풀이

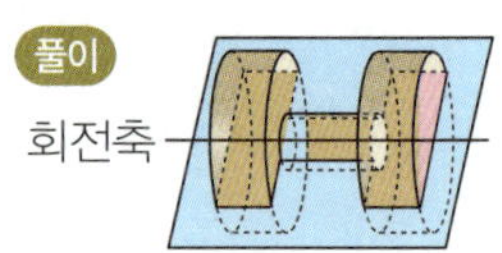

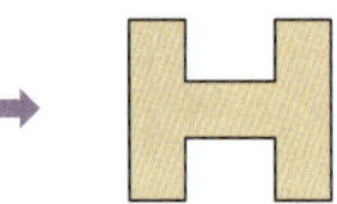

8 96cm^2

풀이 회전체를 회전축을 품은 평면으로 잘랐을 때의 단면은 다음과 같습니다.

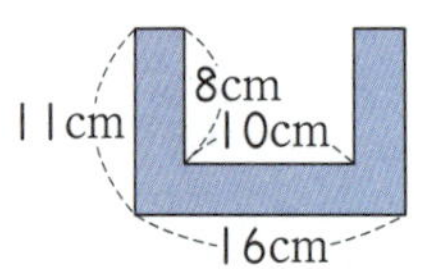

(단면의 넓이)$=16\times11-10\times8$

$=176-80=96(\text{cm}^2)$

9 정육면체의 한 모서리의 길이를 □cm라고 하면 □×□×6=864

□×□=864÷6=144, □=12(cm)

따라서 정육면체의 부피는

$12\times12\times12=1728(\text{cm}^3)$입니다.

[답] 1728cm^3

평가 기준

상	정육면체의 한 모서리의 길이를 구하고 답을 바르게 구한 경우
중	정육면체의 한 모서리의 길이는 구하였으나 답을 구하지 못한 경우
하	풀이 과정과 답을 구하지 못한 경우

10 768cm^3

풀이 입체도형의 부피는 큰 직육면체의 부피에서 가운데 빈 직육면체의 부피를 빼어 구합니다.

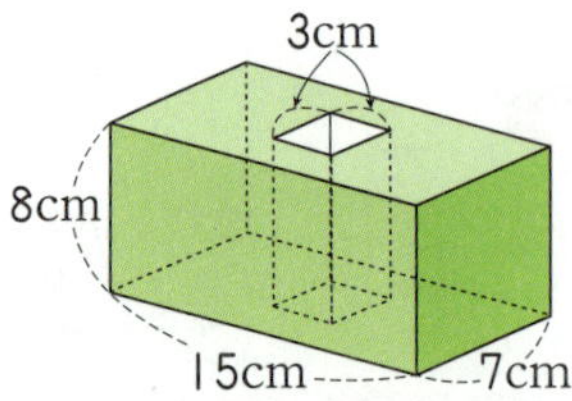

(큰 직육면체의 부피)$=15\times7\times8$

$=840(\text{cm}^3)$

(빈 직육면체의 부피)$=3\times3\times8$

$=72(\text{cm}^3)$

(입체도형의 부피)

=(큰 직육면체의 부피)

−(빈 직육면체의 부피)

$=840-72=768(\text{cm}^3)$

11 (구슬 8개의 부피)

=(늘어난 물의 부피)

$=32\times27\times5=4320(\text{cm}^3)$

따라서 구슬 한 개의 부피는

$4320\div8=540(\text{cm}^3)$입니다.

[답] 540cm^3

평가 기준

상	구슬 8개의 부피가 늘어난 물의 부피임을 알고 답을 바르게 구한 경우
중	구슬 8개의 부피가 늘어난 물의 부피임은 알았으나 답을 구하지 못한 경우
하	풀이 과정과 답을 구하지 못한 경우

J4 성취도 테스트

1 (1) 0.8 또는 $\frac{4}{5}$ (2) 5

풀이 (1) $3.8\div4\frac{3}{4}=3.8\div4.75=0.8$

[다른 풀이]

$3.8\div4\frac{3}{4}=\frac{38}{10}\div\frac{19}{4}=\frac{\overset{2}{\cancel{38}}}{\underset{5}{\cancel{10}}}\times\frac{\overset{2}{\cancel{4}}}{\underset{1}{\cancel{19}}}=\frac{4}{5}$

(2) $2\frac{4}{5}\div0.56=2.8\div0.56=5$

[다른 풀이]

$2\frac{4}{5}\div0.56=2\frac{4}{5}\div\frac{56}{100}=\frac{\overset{1}{\cancel{14}}}{\underset{1}{\cancel{5}}}\times\frac{\overset{5}{\cancel{\overset{20}{\cancel{100}}}}}{\underset{1}{\cancel{\underset{4}{\cancel{56}}}}}$

$=5$

2 (위에서부터) $2\frac{1}{2}(=2.5)$, $\frac{1}{3}$, 16, $2\frac{2}{15}$

풀이 $5\frac{3}{5}\div 2.24=5\frac{3}{5}\div\frac{224}{100}$

$=\frac{28}{5}\times\frac{100}{224}$

$=\frac{5}{2}=2\frac{1}{2}$

$0.35\div 1\frac{1}{20}=\frac{35}{100}\div\frac{21}{20}=\frac{35}{100}\times\frac{20}{21}$

$=\frac{1}{3}$

$5\frac{3}{5}\div 0.35=5\frac{3}{5}\div\frac{35}{100}=\frac{28}{5}\times\frac{100}{35}$

$=16$

$2.24\div 1\frac{1}{20}=\frac{224}{100}\div\frac{21}{20}=\frac{224}{100}\times\frac{20}{21}$

$=\frac{32}{15}=2\frac{2}{15}$

3 $1\frac{3}{8}$배 또는 1.375배

풀이 $52.8\div 38\frac{2}{5}=\frac{528}{10}\div\frac{192}{5}$

$=\frac{528}{10}\times\frac{5}{192}$

$=\frac{11}{8}=1\frac{3}{8}$(배)

4 (1) $3\frac{1}{5}+2.5\times\frac{1}{2}=4.45$

①

②

(2) $3.4\div(2\frac{1}{4}-1.4)=4$

①

②

풀이 (1) $3\frac{1}{5}+2.5\times\frac{1}{2}=3.2+2.5\times 0.5$

$=3.2+1.25$

$=4.45$

(2) $3.4\div(2\frac{1}{4}-1.4)=3.4\div(2.25-1.4)$

$=3.4\div 0.85=4$

5 (1) 1.5 또는 $1\frac{1}{2}$ (2) $3\frac{3}{4}$ 또는 3.75

풀이 (1) $(\frac{4}{5}-0.4)\div 4+\frac{49}{50}\times 1\frac{3}{7}$

$=(0.8-0.4)\div 4+\frac{49}{50}\times 1\frac{3}{7}$

$=0.4\div 4+\frac{49}{50}\times\frac{10}{7}$

$=0.1+\frac{7}{5}$

$=0.1+1.4$

$=1.5$

(2) $(2.3+3\frac{3}{4}-4.25)\div\frac{8}{25}\times\frac{2}{3}$

$=(2.3+3.75-4.25)\div\frac{8}{25}\times\frac{2}{3}$

$=1.8\div\frac{8}{25}\times\frac{2}{3}$

$=\frac{18}{10}\times\frac{25}{8}\times\frac{2}{3}$

$=\frac{15}{4}=3\frac{3}{4}$

6 1.1L 또는 $1\frac{1}{10}$L

풀이 $(4.6-\frac{1}{5})\div 4=(4.6-0.2)\div 4$

$=4.4\div 4=1.1$(L)

7 다

8 10cm

풀이 원기둥의 전개도에서 옆면의 가로는 밑면의 둘레와 같습니다.

(옆면의 가로)$=7\times 2\times 3.14$

$=43.96$(cm)

원기둥의 높이를 □cm라고 하면
$(43.96+\square)\times 2=107.92$
$\square=107.92\div 2-43.96=10$(cm)
따라서 원기둥의 높이는 10cm입니다.

9 ㉠, ㉢

풀이 ㉡ 원뿔의 옆면은 굽은 면입니다.
㉣ 원뿔의 모선의 길이는 모두 같습니다.

10

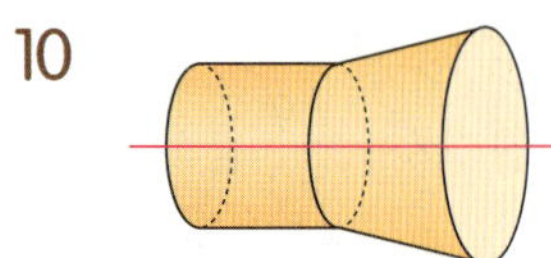

풀이 회전축에 대하여 왼쪽과 오른쪽 모양이 같아지도록 회전축을 그립니다.

11

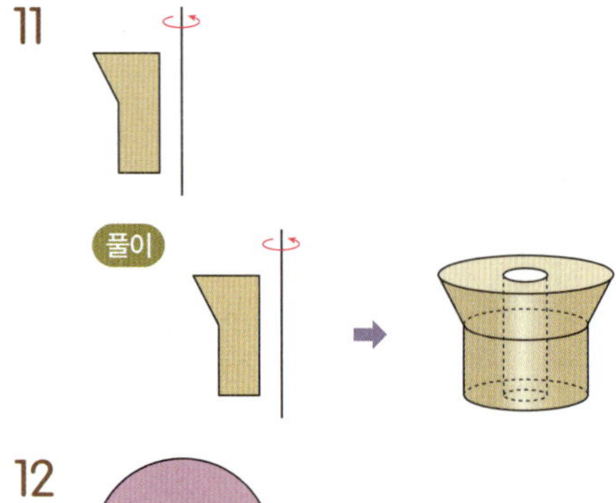

12

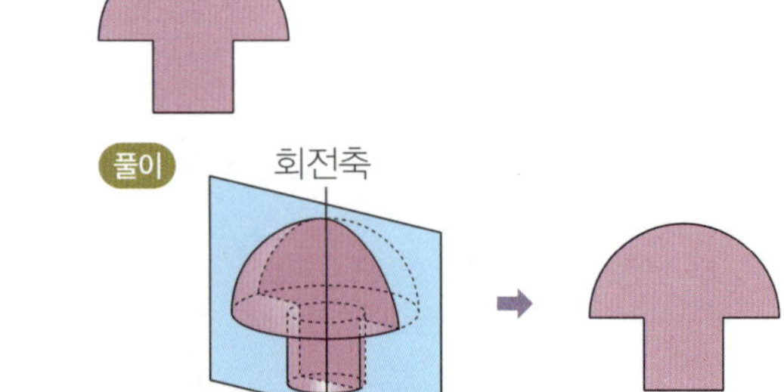

13 168cm²

풀이 회전체를 회전축을 품은 평면으로 잘랐을 때의 단면은 다음과 같습니다.

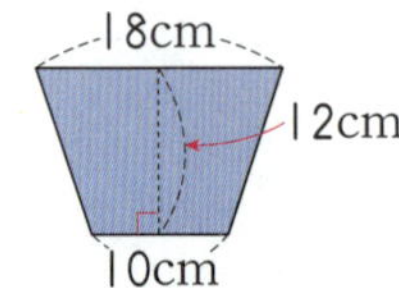

(단면의 넓이)$=(18+10)\times 12\div 2$
$=28\times 12\div 2=168(cm^2)$

14 (1) $372cm^2$ (2) $298cm^2$

풀이 (1) (직육면체의 겉넓이)
$=(12\times 10)\times 2+(12+10+12+10)\times 3$
$=240+132=372(cm^2)$
(2) (직육면체의 겉넓이)
$=(7\times 4)\times 2+(7+4+7+4)\times 11$
$=56+242=298(cm^2)$

15 (1) $252cm^3$ (2) $315cm^3$

풀이 (1) (직육면체의 부피)$=6\times 14\times 3$
$=252(cm^3)$
(2) (직육면체의 부피)$=9\times 5\times 7$
$=315(cm^3)$

16 6배

풀이 (가의 부피)$=7\times 5\times 2=70(cm^3)$
(나의 부피)$=14\times 5\times 6=420(cm^3)$
따라서 나의 부피는 가의 부피의
$420\div 70=6$(배)입니다.

17 $512cm^3$

풀이 정육면체의 한 모서리의 길이를 □cm라고 하면 $\square\times\square\times 6=384$
$\square\times\square=384\div 6=64$, $\square=8$(cm)
(정육면체의 부피)$=8\times 8\times 8=512(cm^3)$

18 $86.4m^3$

풀이 640cm=6.4m, 450cm=4.5m 이므로
(직육면체의 부피)$=6.4\times 3\times 4.5$
$=86.4(m^3)$

19 (1) 10000000 (2) 4.5 (3) 6700 (4) 1.8

풀이 (1) $1m^3=1000000cm^3$이므로
$10m^3=10000000cm^3$
(2) $1000000cm^3=1m^3$이므로
$4500000cm^3=4.5m^3$
(3) $1L=1000cm^3$이므로
$6.7L=6700cm^3$
(4) $1mL=1cm^3$이므로 $1.8mL=1.8cm^3$

20 6cm

풀이 $1L=1000cm^3$이므로
$6.3L=6300cm^3$입니다.
물의 높이를 □cm라고 하면
$42\times 25\times\square=6300$
$1050\times\square=6300$
$\square=6300\div 1050=6$(cm)
따라서 물의 높이는 6cm가 됩니다.